パスカル・コサール

これからの微生物学

マイクロバイオータからCRISPR《クリスパー》へ

矢倉英隆訳

みすず書房

LA NOUVELLE MICROBIOLOGIE

Des microbiotes aux CRISPR

by

Pascale Cossart

First published by Éditions Odile Jacob, 2016

これからの微生物学　目次

【第IV部】 細菌はツールである

まえがき

「微生物」という言葉は、いまだに多くの人に病気、感染あるいは汚染の恐るべき犯人を思い起こさせる。この微生物はどこか他所から来たのだろうか？ 感染が流行でもしていなければ、それがどこから来たかについては、ふつうは調べない。そのタイミングの悪い存在が、確立された秩序、バランス、すなわち「健康」と呼ばれるこの充足を乱していることに気づくだけである。

しかし今では周知のように、健康は、皮膚あるいは腸、口、鼻のような体のさまざまな部位で生き、我々に利益をもたらす、多数の微生物の存在に依存している。これらの微生物は、チーズやヨーグルトの製造から汚水処理、環境バランスの維持、あるいは地球上の植物相と動物相の生物多様性の維持に至る過程に関与している。

一九世紀末のルイ・パスツールとロベルト・コッホ以来、自然発生は存在しないこと、すべての微生物は他の微生物に由来すること、自律的に生きることができる最も小さな生物は細菌と呼ばれることが確立されている。最初に観察された細菌が棒状であったため、語源となるβακτερια は「歩行杖」を意味している。非常に単純な顕微鏡で観察できるこれらの細菌は単細胞生物で、多数の同じような単細胞の娘細菌を生み出す。

ルイ・パスツールとロベルト・コッホは、ペスト、コレラ、結核、その他の多くの伝染病のような数千年間人類に大きな被害を与えてきたいくつもの病気の原因菌を発見した。彼らはこれらの病気に対する診断と対抗策のための強力な手段とワクチンへの道を開き、その中のいくつかは今でも使われている。また彼らは、病原体として病気を発症させるものであれ、非病原体で他の機能を果たすものであれ、細菌全般についての研究の道も開いた。確かに、パスツール、コッホ、および彼らの弟子たちの発見は非常に重要で革新的であったため、二〇世紀初頭にはまず医者の間に、次いですべての領域の生物学者の間に、これらの新しい学問への著しい関心を呼び起こした。その学問は、肉眼では見えない微生物の研究である微生物学、より正確には細菌の研究である細菌学であった。

この活気あふれる時期に続いた全世紀を通じて、微生物学は相次ぐ波により、いくつもの方向に前進した。まず、パスツールとコッホの時代の直後には、あらゆる種類の細菌の丹念な同定、およびさまざまな資料の収集、多様な分類、そして正確な記述の確立が、徐々に行われていった。それから事態は加速した。一九五〇年代の初めに、すべての生物の遺伝物質の媒体としてＤＮＡ（デオキシリボ核酸）が発見されると、それに続いた細菌研究のおかげで、まさにジャック・モノーが言ったように「細菌から象まで」に至るＤＮＡの複製、転写、翻訳、タンパク合成のような一般的諸概念について、その確立へと急速に導いた。その帰結として分子生物学と、遺伝子と種を操作する技術である遺伝子工学の出現を見た。

二〇世紀の終わりにかけてのＤＮＡシークエンシング（遺伝子構造決定の技術）、そして間もなく行われた細菌の全ゲノムの構造決定により、病原体であるか否かにかかわらず細菌研究は、とどまるところを知らない全く想定外の急進展を遂げた。このような技術によって、感染症に関する我々の知識は激変した。そうした技術は細胞生物学の技術、とくにイメージングと結びつくことによって、感染宿主と多様な様式で相互作用し、宿主の本質的な機能と根本的なメカニズムを回避して微生物が感染を成立させる無数のメカニズムを明らかにした。

感染症に対するこの新しい見方と並行して、細菌の行動に関する研究はいくつものことを明らかにした。すなわち、すべての細菌は例外なく社会生活を営んでいること、「バイオフィルム」という形態を採ってあらゆる種類の表面に存在しうる小さな群れ、あるいは多様な集団で生きていること、そして多くの同種の個体と調和し、非常に不均質ではあるが安定した集団を形成できることである。これらの集団が巨大になり、寄生虫あるいはウイルスなどと一緒に存在するとき、それは「微生物叢」（マイクロバイオータ）と呼ばれる。昔は腸内細菌叢と言われたが、現在では「腸内微生物叢」の方が好まれる。腸内微生物叢が唯一の微生物叢ではない。別の微生物叢が体の他の部位や他の生物に存在する。こんにちでは、これらの微生物叢は変化すること、それを宿している個体の食習慣、遺伝形質、潜在的な疾患、そしておそらく行動の特徴をも示すことが知られている。

多数の細菌は自然の中で独立して生きることもできるように見えるが、多くはヒトだけではなく、昆虫を含むすべての動物や植物と共生状態で生きている。この共同生活はときに「棲みつかれた」生物の子孫に驚くべき結果をもたらす。たとえば、昆虫の雄の不妊や根絶、あるいは植物の根に存在する細菌が植物にとって非常に有益な窒素を取り込むのを助け、植物のよりよい成長をもたらすことなどである。

したがって細菌は、非常に入念に組織された社会生活をしている。集団で生きる能力に加え、種や大きな科の間の相互認識と相互識別を可能にする化学的言語を用いて連絡を取り合うことができる。細菌は集団で行動し敵に勝つために、こうした言語を用いる。たとえば、ある病原菌が攻撃のメカニズムを展開するのは、自分たちの個体数が十分に多くなり勝算があるときだけである。また別の細菌は、自分たちの数が一定の閾値を超えたときにだけ蛍光を発する。

直面する多様な状況に適応し、特定の能力を発揮したりしなかったりするために、細菌は非常に高度な制御メカニズムを用いている。タンパクからビタミンのような分子、中間に介在する成分から金属に至る細胞のすべての構成要素が、細菌がその生存期間中の特定の機会に用いる多様な適応メカニズムに関与している。しかし、ゲノムの発現制御に関与している分子で、研究がここ数十年で最も進んでいるのはＲＮＡである。フランソワ・ジャコブとジャック・モノーは、ＲＮＡが遺伝形質の発現を制御している可能性を予言したが、ＲＮＡがこれほど多くの様式で遺伝子制御を行っていることはつかむことができなかった。それは、これらの細菌のＲＮＡは前世紀の終わりまで、「メッセンジャー」と呼ばれていたことに表れている通り、ＤＮＡとタンパクのもっぱら仲介を行っているとみなされていたせいでもあるが、実際にはその役割は多様で、しばしば驚くべきものだったのだ。近年の最も大きな生物学上の発見の一つは、細菌に感染するウイルスであるバクテリオファージ（あるいはファージ）のような侵略者に対する防御のために、ＲＮＡに依存するＣＲＩＳＰＲ（「クリスパー」と発音する）と名づけられた極めて有効な戦略を細菌が用いていたことである。より正確には、細菌はファージとの最初の接触を覚えており、ある種の免疫を実行する能力があるため、そのファージに「予防接種される」ことになる。

このシステムは非常によく組織され適応性も高いため、これまでに検討されたすべての生物について、ゲノム操作を可能にする革新的技術の基盤になっている。それがＣＲＩＳＰＲ／Cas９〔クリスパー・キャス・ナイン〕テクノロジーである。この方法はいとも容易にゲノムを変化させることができる。そのため、遺伝子機能の高度な解析を可能にする変異体の作製や、新しい遺伝子による欠陥遺伝子の置換ができ、遺伝子治療に直結する道を開くものである。あまりにも強力なこのテクノロジーは、合衆国では二〇一五年のブレークスルー賞の一つに選ばれた他、著しい進歩をもたらした科学者を顕彰する一連の権威ある国際的な賞を軒並みさらった。

細菌は単にウイルスだけではなく、自分の仲間が攻撃してきたときにはそれからも身を護っている。そのために細菌は、細菌に対するあらゆる種類の毒素（抗細菌毒素）を産生し、一つ以上の免疫タンパクによって自らの身をそうした毒から護っている。生存競争は極小世界にも存在している。これらの抗細菌毒素を、病原菌と闘い、よりよく制御するために用いることは可能だろうか。これらの毒素は、効果がなくなった抗生物質の問題を解決する戦略の一つになっている。

確かに、抗生物質は数十年の間最も使われた抗菌剤であった。しかし残念なことに、細菌は適応して耐性を生み出し、結核の原因菌（コッホ菌）のような場合には深刻な医学的帰結を招いている。もはや治療法のない病気もあり、感染症の再興を見ている。警報が出され、一般の人たちもこの深刻な状況を意識している。対策は取られており、楽観主義とは言わないまでも少なくとも希望は持つべきだろう。実際に我々は近年、意外な方法や手段があることを知り、より効果的な治療法への希望を生み出し、その結果、新たな地平を開いてきた。たとえば、細菌ゲノムの知識を利用して、細菌だけに存在し、ヒトには存在しない化学反応や代謝経路の抑制剤の同定が試みられている。それでも、「抗生物質以前」とでも言えるような時代へのこうした回帰は、文字通りの災難であることに変わりはない。そこから教訓を引き出すことが重要である。細菌は信じ難いやり方で状況を打開する術を知っている。したがって、新しい治療法を実施したり、あるいは以前には義務であった予防接種を廃止したりするときは、十分警戒しなければならない。BCG予防接種がフランスで廃止されたままなのは妥当なのだろうか。とくに、予防接種があまり行われていない国から来る集団が感染の危険を増大させているときには、この問題は熟考に値する。

本書の目的は、この一〇年あるいは二〇年の間に、非常に重要な発見と新しい概念が明るみに出たことを描いて見せることである。そうした発見や概念から言えることは、微生物学が新たな変革期にあり、再生されつつあるということだ。微生物学は我々の食習慣を激変させ、我々の日常生活、とくに植物相と昆虫を含む野生の動物相に対する態度を変貌させるだろう。また、最近の発見は病原体に対する闘いの新たな戦略の確立や、単に病気だけではなくその媒介生物との闘いを助けることになるだろう。たとえば、特定のウイルスを運ぶ蚊は、ボルバキアという細菌に感染した雄の蚊を環境中に散布することによって除去することができる。感染した雄は感染していない雌と交尾しても子孫を残さないからである。

主に記述される内容は、細菌学の再生に限定されることになるだろう。それがわたしの最もよく知っている領域であることが、その部分的な理由である。しかし、ウイルス学、寄生虫学、真菌学の多くの局面についても取り上げることができたかも知れない。なぜなら、これらの領域もまた細菌学と同様に新しいテクノロジーの恩恵を受けたからである。しかし、最も深い変化を経験し、最も多くの新しい概念を生み出したのは細菌学のように見える。

二一世紀は生物学の世紀になるだろうと言われた。それは間違いなく微生物学の世紀である。二〇一二年、我々は科学アカデミーにおいて、イギリスとドイツの姉妹アカデミーである王立協会と国立科学アカデミー・レオポルディーナとともに「これからの微生物学」と題したシンポジウムを開催した。それは大成功であった。それを本書のタイトルとした。

第I部

微生物学の新しい概念

第1章　細菌——多くの味方、わずかな敵

細菌（真正細菌）は生物の三大ドメインの一つを形成している単細胞生物で、アーキア（古細菌）と真核生物が他の二つのドメインを形成している（図1）。共通祖先に由来した三つのドメインへの枝分かれは、一九七七年にカール・ウーズによって初めて提唱された。真核生物は動物、植物、原生動物を含んでいる。細菌とアーキアは原核生物で核を持たない。核の不在は原核生物と真核生物との主要な違いの一つである。原核生物のＤＮＡは、真核生物のように膜で画された区画の中にはない。だからと言って細菌を、内容物を無秩序に入れ込んだ小さな袋だと考えてはいけない。あとで見るように、その「内部」は非常に組織化されている。

アーキアは細菌のように単細胞生物であるが、細菌との違いは、細菌の世界ではまだ見つかっていない脂質の存在と、真核細胞により近い構成要素の集合——とくに遺伝子制御の全装置——にある。発見された当時、アーキアは極端な環境（たとえば、非常に高温の水）にだけ存在すると考えられたが、今では我々の腸内を含むあらゆるところに存在することが知られている。

細菌は非常にバラエティに富んでおり、最も多様性のあるドメインを形成している。細菌は何十億

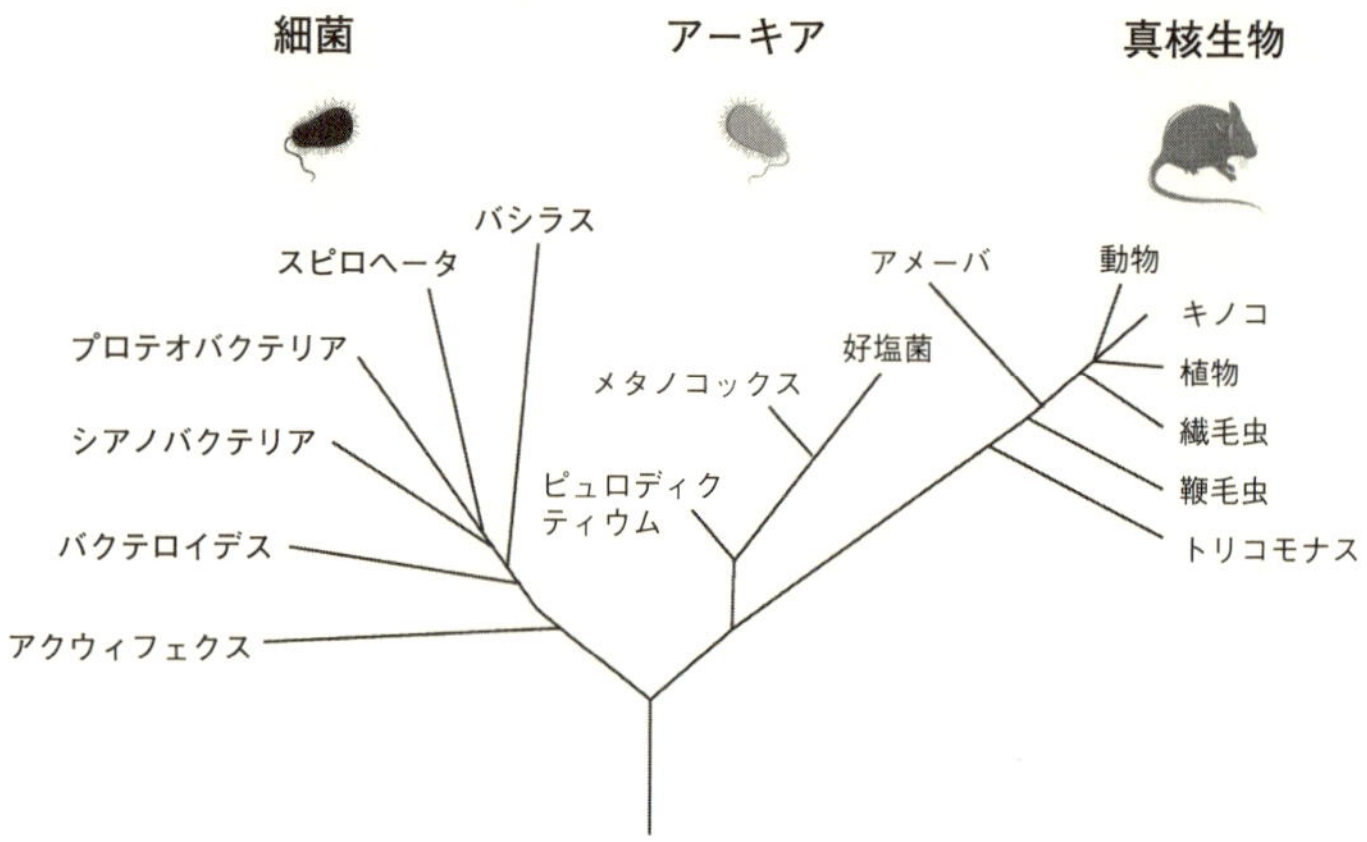

図1　**生物の三大ドメイン**．細菌，アーキア，真核生物は一つの共通祖先に由来している．

年も前から地球上に存在し、あらゆる種類の生存条件に適応してきた。一万一五〇〇以上の種が記録され、種をまとめる属が二〇〇〇以上存在する。これらの数字はこれまで遺伝子——とくに16ＳｒＲＮＡ*遺伝子——の比較に基づいてきたが、増加する一方である。分類方法も変わった。今では全ゲノムの配列を比較しており、種の概念自体も進化の只中にある。

細菌は多様な形態を持ち、四つの大きなカテゴリに分けられる。すなわち、球菌、桿菌、らせん菌、そしてコンマ型（湾曲型）の細菌である（図2）。どのような形であれ、細菌は分裂する。一つの細菌は無性生殖によって二つの細菌を生み出す。ときに、遺伝物質は遺伝子の水平伝播と呼ばれるものに対応する別のメカニズムによって二つの細菌間で交換されることがあるが、このことについては後述したい（四八ページ）。

細菌はあらゆるところに存在している。熱い水源や塩分濃度の非常に高い海中を含む地球上のあらゆる生物空間（ビオトープ）に見られる。ヒトの体表と体内にも非常に多く見られる。我々の皮膚には10^{10}、口内にも10^{10}、そして腸内には10^{14}の細菌が存在すると見積もられている。したがって我々の体内には、ヒト細胞の一〇倍の細菌細胞が存在していることになる。しかし最近の論文がこの数字を再検討し、一〇倍も過大評価されていることを確認している。そうではあるが、数百億の細菌を含む我々の腸内には一〇〇〇以上の異なる種の細菌が存在している。ときおり、我々は細菌を毎日ただで散歩させ、細菌の方はふつう抗議することもなく、どこへでも付いていてくれるのだと思いたくなる。

細菌は三〇億年以上前に現れた。それ以来絶えることなく、細菌は地球の生物圏に棲みつき、二〇億年後には動物が現れた。どのようにして核を持つ最初の生物が生まれたのかはわからない。おそらく、細菌とアーキアとの融合からだろう。確かに、動物にはこの二つのドメインの遺伝子が存在している。現在のすべての真核生物の祖先が一つの細菌を「飲み込み」、その細菌と安定的な共生関係が結ばれ、その結果我々の全細胞がミトコンドリアを内包するに至った。ミトコンドリアというこの小さな構造物はやや細菌に似ており、多数の合成物の産生、とくにアデノシン三リン酸（ＡＴＰ）＊＊の産生に不可欠である。ＡＴＰは一時的にエネルギーを蓄え、細胞内で起こる多くの化学反応の必要に応

＊16Ｓ ｒＲＮＡはリボソームを構成するＲＮＡの一つで、これらの複合体がタンパク合成を可能にしている。

＊＊この化合物は加水分解された時にエネルギーを放出する特別な結合で形成されている。ヒトの筋収縮を可能にしているのはＡＴＰである。

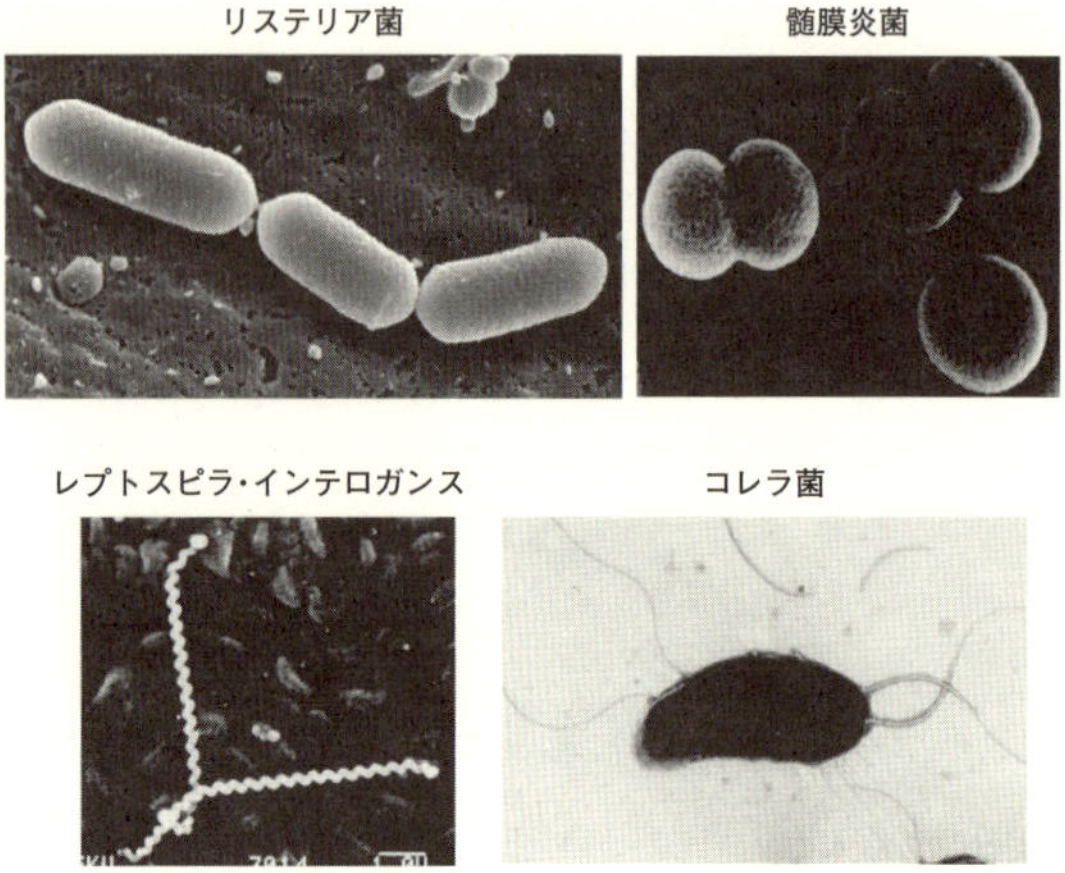

図2　**細菌の4つの大きな型.** 桿菌（リステリア菌），球菌（髄膜炎菌），らせん菌（レプトスピラ・インテロガンス），コンマ型あるいは湾曲型菌（コレラ菌）.

じてエネルギーを供給する化合物である。したがって、最初の動物は草食、肉食あるいは雑食になる前には細菌食だったのである。

多くの細菌は自然の中で自由に生きている。そこで生まれ、成長し、栄養を摂り、そうすることにより自らが存在する生態系のバランスと特徴に関与している。雨の後の下生えのえも言われぬ匂いはストレプトマイセス科の細菌によっている。

その半面、多くの細菌は単独では生きておらず、パートナーとともにいる。ヒト、動物、あるいは植物とさえ相利共生あるいは共生とされる持続的な関係を構築している。さらに、あとで見るように、多くの種の細菌は集合して微生物叢と呼ばれる共同体を形成し、生物自体の一部になっていることがある。超個体と呼ばれるものである。

地球上に存在するすべての細菌の中で、病原菌は最多とはほど遠いことに気づくことが重要である。いくつかの細菌は非常に強力な毒素を産生し、常に病原性を持つ。たとえば、水中で繁殖し、致死的な下痢と脱水の原因となるコレラ菌がそれである。ジフテリアの原因となるジフテリア菌もそうである。先進国では義務づけられている予防接種が非常に有効であるため、この病気はほとんど忘れられている。このグループには、破傷風毒素を産生する破傷風菌とボツリヌス毒素を産生するボツリヌス菌がある。しかし、一つの毒素だけが原因となる病気はきわめて稀である。

ほぼ一般的に、細菌が病気を引き起こすことができるのは毒性メカニズムあるいは病原性因子と呼ばれる多くの戦略と手段を持っているからである。そして、細菌が生体内に落ち着き、宿主の防御を免れ、最終的に増殖してさまざまな組織や臓器に侵入するのを可能にしているのは、これらすべての病原性因子の組み合わせである。レンサ球菌の場合は喉、レジオネラ菌は肺、サルモネラ菌は腸、肺炎レンサ球菌の場合は鼻咽喉系が侵される。多くの場合、細菌は状況が好適な場合に限り感染を成立させることができる。それはたとえば、生体が疲労、疲弊、あるいはウイルスによる感染のために一時的な免疫不全があったり――気道感染を引き起こすインフルエンザ感染にしばしば続発する肺炎レンサ球菌の感染の場合がそうである――、あるいは怪我のあとであったり、ゲノムの変異によって実際にこの病気に罹りやすくなっていたりするときである。

感染の成立における遺伝的背景の重要性は世界のいくつかの研究室において集中的に研究されており、その一つがジャン・ローラン・カザノヴァの研究室で、病気の遺伝的原因仮説を強力に提唱している。なかでも、いくつかの疾患感受性、とくにほとんど病原性のないマイコバクテリウム属による感染、あるいはふつうは予防接種に用いる弱毒化されたウシ型結核菌株であるＢＣＧ（カルメット・ゲラン菌）感染に対する感受性において、彼の研究室がこの仮説を証明した。インターフェロン遺伝子の一つ、あるいはインターフェロンのシグナル伝達経路に関与する一つの遺伝子に変異を示す小児は、予防接種後に発症して致命的になりうるＢＣＧ炎と呼ばれる病気を起こす。

病原性があろうがなかろうが細菌は生きる有機体である。しばしばまったく想定外のプログラムと多様な特質のおかげで、細菌だけが作ることのできる化合物を産生したり、細菌だけが変化させることのできる化合物を除去したり利用したりすることによって、すべての生物の日常生活と環境のバランスに常に関与している。そのことを、本書を通じて見ていくことになるだろう。

第２章　細菌——よく組織化された単細胞生物

細菌は核もなく、すべての動物細胞や植物細胞に見られる内部小器官もない非常に単純な細胞に見えるが、じつはしっかりした構造を持っている。その形は正確に形成され、その内容も非常に組織化され、それぞれのタンパクやタンパク群は明確に決められた場所に位置している。これは世代を越えて認められる傾向である。

すべての細菌は「ペプチドグリカン」からなる細胞壁に覆われた薄い膜に囲まれており、それが細菌に形と硬さを与え、外部環境と内部環境との間にある温度、水素イオン指数（pH）、塩濃度などの差に耐えることを可能にしている。細菌の中には、細胞壁の上にさらに外膜と、場合によっては莢膜《きょうまく》〔一部の細菌が細胞壁の外側に持つ層で、白血球などから細菌本体を護る〕を持つものもある。

細菌はしばしば「グラム陽性」と「グラム陰性」の二種類に分けられる。この名称は染色技術に由来しており、外膜がなく分厚いペプチドグリカンを持つ細菌は陽性、外膜がありペプチドグリカンが薄い場合は陰性となる。

細菌の形状は細胞壁のおかげで安定しているが、その大きさは内部に含まれるものの量に依存している。その内容は増殖時に増加し、ヒトや植物の細胞を形成する分子に似た分子が巧みに統制する秩序と構造に則って組織化されている。なかでも、細菌がらせん状のアクチン「細胞骨格」を持ち、それがとくにペプチドグリカンを産生する酵素の局在と活性化に関与し、細胞分裂に決定的な役割を持っていることが最近発見された。

ほとんどすべての細菌は外見上同一の二つの娘細胞を生み出す。例外として、非対称分裂の素晴らしいモデルとなった水生細菌カウロバクター・クレセンタスがある（図3）。分裂するカウロバクター菌は、短い茎状のもので海底あるいは岩の表面に結合しているので不動性である。それが分裂して鞭毛のおかげで可動性を持つ細胞を生み出すが、それはその場を離れて環境中に拡散し、茎を持った細胞をあとに残す。この残された細胞は増殖、分裂し続けることができる。鞭毛のある細胞はときに鞭毛を失うことがある。その場合、この細菌を係留できる茎が現れ、そこで少し成長すると自らの子孫を生み出す。

細菌はいつまでも生き続けるのだろうか。生き残りの戦略を持っているのだろうか。たとえば、栄養不足や極端な乾燥状態という困難な状況で子孫を維持するため、細菌によっては分裂してそれ自身の内部に芽胞を生み出す。これは熱、寒冷、乾燥、そしてある種の殺菌剤に著しい耐性を示し、何年も、あるいは何世紀もの間、子孫を維持し拡散させることができる眠れる細菌の一種である（図4）。芽胞は好都合な環境にたどり着くと発芽し、正常な二分裂を再開することができる。

すべての細菌が芽胞を作るわけではないが、芽胞を産生する細菌の中にはきわめて危険なものがある。二〇〇一年秋の合衆国におけるバイオテロリズムが思い出される。炭疽菌（炭疽症の原因菌）の芽

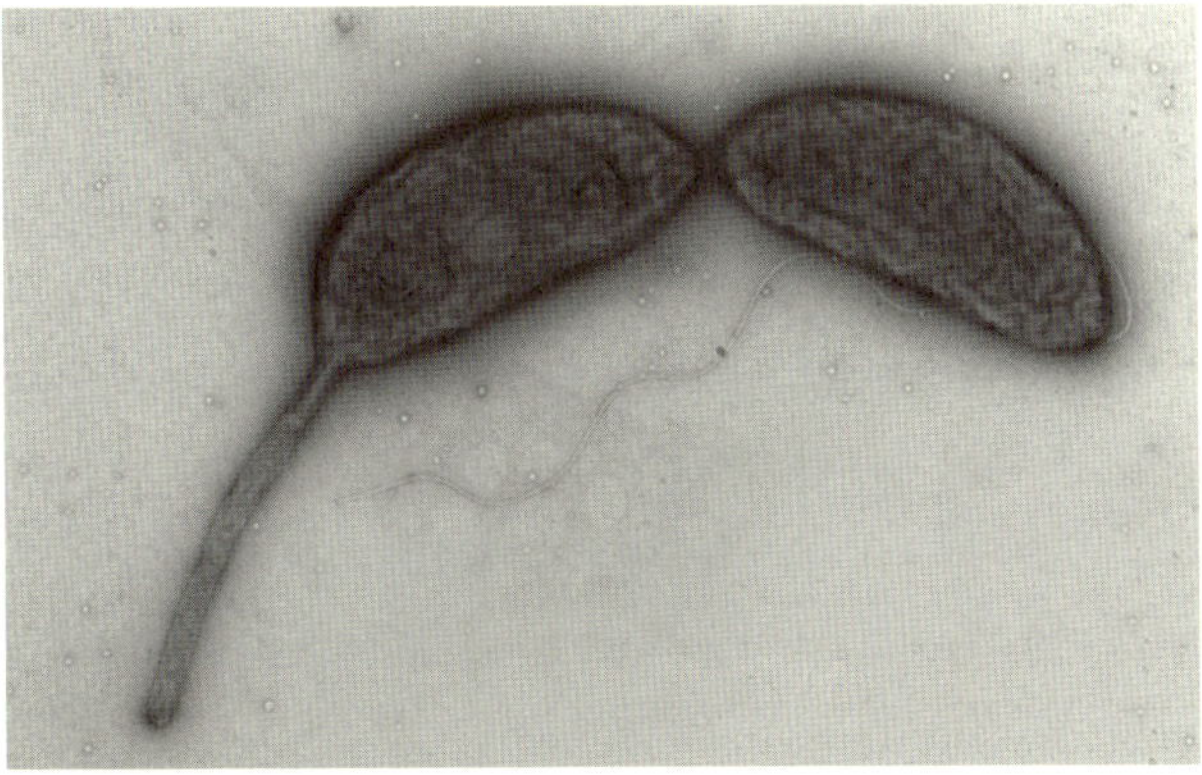

図3　**カウロバクター・クレセンタス.** この細菌は非対称な細胞分裂のモデルである．分裂はわずかに異なる2つの細菌を生み出す．一方は茎を持ち，他方は鞭毛を持つ．

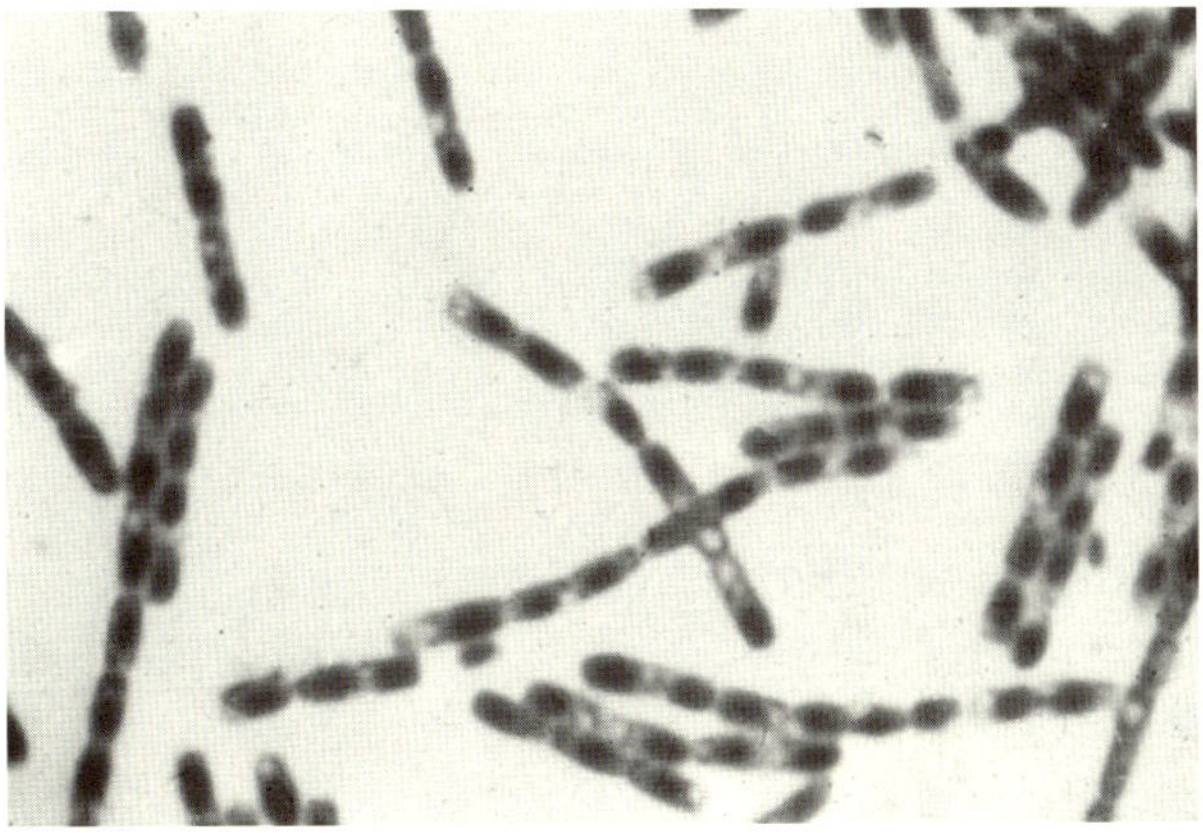

図4　**炭疽菌.** たとえば栄養欠乏のようなストレスを受けた場合，細菌はその内部で細菌のすべての遺伝物質である染色体DNAを含む芽胞を作る．これらの芽胞は発芽して正常な増殖を再開する時まで，自然界に長期間存在することができる．

胞が郵送され、それを受け取った人が皮膚、腸、そしてとくに肺などさまざまな臓器に感染症を発症し、五人の命が奪われた。

芽胞を形成し潜在的に非常に高い病原性を持つ細菌としては他に、地中に何年もの間とどまり、あるとき傷口から侵入して破傷風を起こす破傷風菌がある。

芽胞は非常に耐久性があるので、容易には排除できない。そのため、いとも簡単に拡散することがあり、非常に危険である。たとえば、クロストリジウム・ディフィシルのような細菌の場合である。この細菌は我々の腸内微生物叢の一部を構成し、多くの抗生物質に耐性を示すという特徴を持っている。そのため、とくに抗生物質による治療の際に繁殖して下痢を起こす。抗生物質が最も処方される場となっている病院では、クロストリジウム・ディフィシル感染が多数見られる。この細菌は何年もの間どのような場所でも生存できる芽胞を産生し、院内感染の原因になることがますます多くなっている。

他にも、あまりよく知られていない生き残り戦略が存在しているようである。たとえば、ある細菌はペプチドグリカンの合成をやめ、L型――イギリスの医者ジョゼフ・リスターの名前に由来する――と呼ばれるペプチドグリカンを欠いた細菌を生み出すことができるが、これは免疫系に認識されない。後述のマイコプラズマのように、この細菌は多くの抗生物質に耐性を示し、感染した生体内で治療が行われたとしても、かなり長く生存することができる。

多くの新しいイメージング技術、とくに種々の蛍光標識を用いたビデオ顕微鏡と超解像顕微鏡のおかげで、現在ではリアルタイムで細菌を研究し、分裂するところを観察し、さらに細菌内の特定のタンパクを調べて、たとえば、そのタンパクが特定の場に位置しているのかどうか（極なのか分裂部なのかなど）、あるいは細菌の増殖過程でそのタンパクが増加しているのか消失しているのかを確認することができる。細菌を可視化するこれらの技術とマイクロ流体力学——微小管内を流れる液体を研究する学問——を組み合わせることにより、培養環境や温度などが変化したときの細菌の行動も観察できる。

細菌の細胞生物学は新しい学問であり、急速に発展している研究領域である。

【マイコプラズマ】

マイコプラズマは細胞壁のない細菌である。この比較的小さい細菌は、探し出して同定するのが難しかった。なぜなら、本章で触れたように、考案者ハンス・クリスチャン・グラムの名を冠した細胞のおもな同定法であるグラム染色が、ペプチドグリカンの検出に依存しているからである。ほとんどの場合は気道や膣道の共生菌（存在するが、病原性はない）である多くのマイコプラズマが、性感染症の原因にもなりうるため、マイコプラズマの検出ができないことは長い間問題になっていた。さらに、ペプチドグリカンを持たないため、細胞壁を標的とする抗生物質にも感受性がない。マイコプラズマは最も小さな細菌ゲノムを持ち、合成生物学によって最初に合成されたのがマイコプラズマ・ジェニタリウムというマイコプラズマの染色体である。

【鞭毛と他の付属物】

細菌表面上には、非常に長くて細いらせん状の鞭毛がしばしば存在し、小さな回転モーターと連結している。それにより、水中や分泌物中の細菌の移動や拡散が可能になっている。また、多くの細菌表面には接着性の性繊毛があり、生物あるいは非生物表面への接着や細菌間の凝集をも可能にしている。さらに、アルツハイマー病患者の脳に検出される「アミロイド」繊維に似たカーリー型繊維が見られることもあり、性繊毛のように各種表面への接着や細菌の凝集に関与している。

【細菌の形態と分裂——真核生物のアクチンとチュブリンに類似したタンパク】

培養環境が許せば、桿菌とその細胞壁は増大する。ペプチドグリカン——つまり細胞壁——の増加は、膜に埋め込まれた真核生物のアクチンに類似したタンパクMreBによって制御されている。MreBは一種のらせん構造をとり、細菌を細長い形状にしている。カウロバクターにおいては、クレセンチンと呼ばれるタンパクがこの細菌の三日月形の原因となっている。しかし、細菌の大きさは一定の限界までしか増大しない。各段階が厳密に制御されている分裂現象は、真核生物にしかないと思われていたタンパクに似た、少なくとも二つの他の分子を介在させて起こっている。

分裂時には細菌の生に関わるすべての要素が二つに分けられる。とくに染色体（より正確には染色体DNA）も複製後に分けられ、二つの娘細胞のそれぞれに分配される。分裂の最終段階では、二つの娘細胞の分離という最も重要な段階にアクチンに類似したもう一つのタンパクFtsAを関与させ、それが真核細胞のチュブリンに近いFtsZというタンパクを分裂部位に固定する。

真核生物のアクチンに似たもう一つのタンパクが、細菌における娘細胞間のプラスミドDNAの分配に関与している。それがParMタンパクである。

第3章　ＲＮＡ革命

我々のすべての細胞の遺伝形質と同様に、細菌の遺伝形質——他の細菌との識別を可能にする遺伝的な「身分証明書」——は、染色体ＤＮＡにある。多くの場合、染色体は環状である。コレラ菌のように二つの染色体を持つ細菌がある一方、ボレリアのようなもっと稀な細菌はいくつかの線状の染色体を持っている。この細菌は、夏に森の下草の上を散策するときなどにダニに刺されると感染する、ライム病を引き起こす。

多くの細菌は主要な染色体に加えて「プラスミド」と呼ばれる環状の微小染色体を持っているが、これは増殖に必須ではない。

染色体ＤＮＡあるいはプラスミドＤＮＡはほぼ同一の「ヌクレオチド」の連続からなるポリマーで、アデニン（Ａ）、チミン（Ｔ）、グアニン（Ｇ）、シトシン（Ｃ）という塩基によって区別される。ＤＮＡは実際には二本鎖で、ＡとＴ、ＧとＣの親和性によって形成される。染色体の全長にわたって位置する遺伝子は、数百、ときに数千のヌクレオチドからできていて、タンパクを生み出すメッセージを持っている。それを、遺伝子がタンパクを「コードする」と言う。遺伝子の間には、同じヌクレオチ

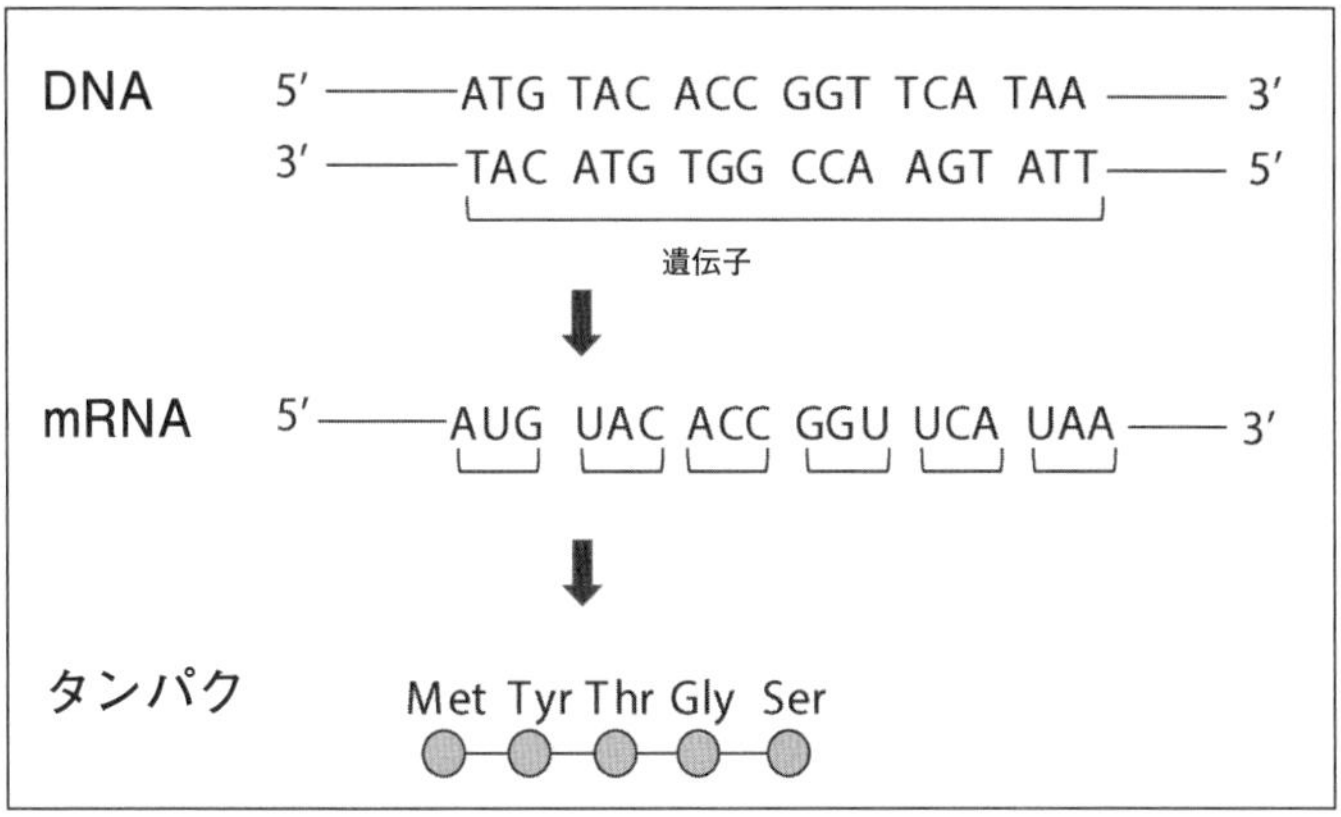

図5　**2本鎖DNA，その転写物であるメッセンジャーRNA（mRNA），およびmRNAにコードされる小さなタンパクの模式図．** Met＝メチオシン，Tyr＝チロシン，Thr＝スレオニン，Gly＝グリシン，Ser＝セリン．

ドのつながりからできた「遺伝子間」と呼ばれる配列がある。

細菌のＤＮＡはそのまま複製されるか、読み取られる。前者の場合、細胞分裂の際にＤＮＡは同一のＤＮＡに複製され、二つの娘細胞間で分配される。これが「複製」、または複製装置と言われるものである。後者の場合は、ＤＮＡはＲＮＡを産生するもう一つの装置によって「読み取られる」。これが「転写」である。ＤＮＡのように、ＲＮＡは四つのヌクレオチド、Ａ、Ｕ（ウラシル）、Ｇ、Ｃから構成されるが、ＤＮＡのヌクレオチドとは少し異なっている。これらは「リボヌクレオチド」である。それぞれのヌクレオチドに含まれる糖は、ＤＮＡではデオキシリボースであるのに対し、ＲＮＡではリボースである（そこからリボ核酸の名前が来ている）。さらに、ＲＮＡには一本の鎖しかない（図5）。

複製と転写のもう一つの違いは、複製が「複製起点」と呼ばれる染色体領域で始まることである。転写は染色体の複数の部位で始まりうるが、遺伝子の上流の、フランソワ・ジャコブとジャック・モノーが「プロモーター」と呼んだ領域内に限られる。細菌の染色体は二本鎖DNAから構成されるので、複製はDNAの二本鎖のそれぞれで起こる。この過程は双方向性である。転写過程はDNAの各鎖の一定の領域を転写する。こちらは一方向性で、かなり早く停止する。複製過程は一度始まるとすべての染色体を複製する。

転写装置により産生されたRNAは、次いで翻訳装置によって解読される。この複雑な装置はおもにリボソームからなっており、細菌内でヌクレオチドを三対ごとに認識して次々にアミノ酸を拾い上げ、タンパクに組み立てる。一つのアミノ酸はRNAの三ヌクレオチド（「トリプレット」）に対応している。メッセンジャーRNAの各トリプレットはかなり正確に一つのアミノ酸に対応している。二〇のアミノ酸があり、トリプレットの六四の組み合わせの一つによって識別される。この遺伝子コードはすべての細菌と大部分の生物で同一である。このように、細菌はそのDNAからRNAを産生し、それはこの普遍的なコードのおかげでタンパクに翻訳される。したがってRNAは中間体であり、「メッセンジャー」RNAである。なぜなら、それは染色体のメッセージを持ち、そのメッセージはタンパクを産生するために読み取られるからである。細菌は何千というメッセンジャーRNAを産生し、それぞれがタンパクを産生している。

一九六五年にジャコブ、ルヴォフ、モノーにノーベル賞をもたらした成果は、一般的には同じ生理機能のために協力するいくつかの連続する遺伝子が、彼らが「オペロン」と呼んだ遺伝子グループの一部になり、それが一つのプロモーターから一つのメッセンジャーRNAに一緒に転写されるという発見に基づいていた。

転写は永続的には起こらない。それはpHや温度などの多くの環境因子に依存している。さらに、最も単純なモデルでは、転写は染色体の別の部位に位置する遺伝子が産生するたった一つの「制御因子」によっても制御される。この制御因子はオペロンの最初の遺伝子の上流に移動してきて、メッセンジャーＲＮＡの発現を阻害したり刺激したりする。この素晴らしい制御モデルは、ラクトースという糖の利用に関わる大腸菌のオペロンであるラクトースオペロンの場合には、前述のジャコブらの研究者によって詳細に研究された。このケースでは、オペロンのリプレッサー（転写調節因子）（LacＩタンパク、あるいはLacリプレッサー）がオペロン遺伝子の上流で染色体に結合してその発現を阻害するため、オペロンは一般的に抑制され、静かにさせられる。リプレッサーがＤＮＡの解読を阻害し、転写を抑制するのである。しかし環境中にラクトースが含まれる場合は、ラクトースは細菌内に入り「アロラクトース」に変換される。アロラクトースはリプレッサーと反応し、その形に変化（立体構造の変化、あるいは「アロステリック」な変化）を起こし、リプレッサーがＤＮＡに結合することを抑制する。こうして――ラクトースによって「誘導され」――オペロン遺伝子は転写され、細菌はLacＺ遺伝子にコードされたタンパクのおかげでラクトースを利用できる。

多くの研究者が忘れたことがある。それは一九六一年に『ジャーナル・オブ・モレキュラーバイオロジー』誌に発表された最初のモデルにおいてジャコブとモノーが提唱したリプレッサーは、調節遺伝子の産物であること、すなわち、オペロン上流に位置するＤＮＡ領域内で作用してその転写を阻害するか、オペロン遺伝子のメッセンジャーＲＮＡの始まりに作用してメッセージの翻訳を阻害するＲ

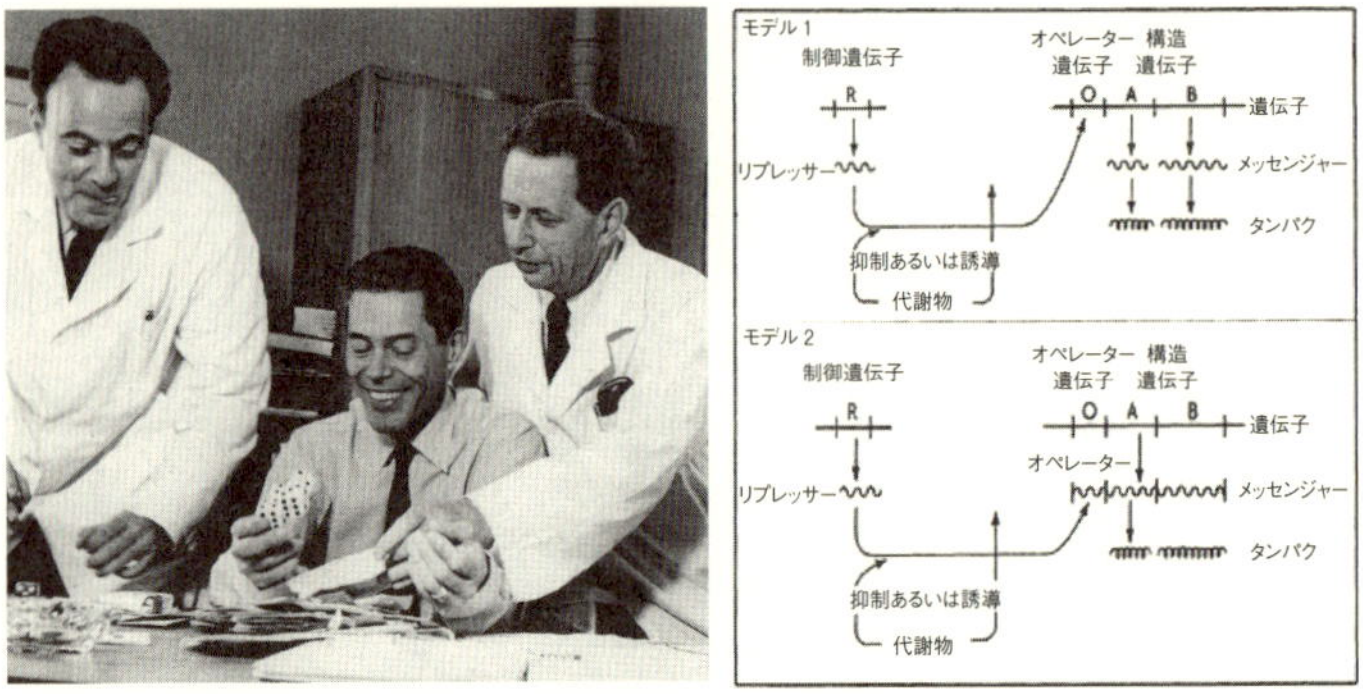

図6　（左）3人の1965年ノーベル生理学・医学賞受賞者．フランソワ・ジャコブ，ジャック・モノー，アンドレ・ルヴォフ．（右）彼らの有名なモデルで，ラクトースオペロンの3遺伝子の同時抑制を説明する2つの可能な選択肢を提唱している．リプレッサーの役を担うのはRNAであることがわかる．

NAリプレッサーだということである（図6）。最初の発表後に行われたラクトースオペロンに関する研究により、Lacリプレッサーは RNAではなく、オペロン遺伝子の上流に作用するタンパクであることが明らかにされた。この発見に続いて多くの他の研究が行われ、リプレッサーがRNAかもしれないというジャコブとモノーの最初の仮説は長年忘れ去られてしまったのである。

しかし一九八〇年代初め、ある種の病原性遺伝子や抗生物質への耐性に関与する遺伝子のような、補助遺伝子を具えた小さな環状染色体であるプラスミドの複製は、プラスミドDNAの一方の鎖に結合し（ハイブリダイズする、と言われる）、プラスミドの複製を阻害する低分子RNAによって制御されていることが明らかになった。ここに「アンチセンス」RNA〔主に遺伝子の働きを阻害する〕の概念が生まれ、RNA革命が始まったのである。

その後、他のいくつかのアンチセンスRNAが細菌で発見されたが、真核生物でのマイクロＲＮＡ発見に続く二〇〇〇年代初めの急激な発展を予見させるものは何もなかった。この急激な発展は、とくにゲノムとＲＮＡの超高速シークエンシングと同様に、タイリングアレイ型チップという革新的な技術を活用した結果であった。これらの技術により、多くの異なる条件で増殖させたあと、細菌のＲＮＡ転写産物の全体を解析することが可能になった。そして、タンパクをまったくコードしないのでノンコーディングＲＮＡと呼ばれる転写産物を細菌が無数に発現していることが明らかになり、今ではそれらのＲＮＡが制御因子の役割を担っている可能性が知られている。

その数は一つの細菌あたり数百の異なるノンコーディングＲＮＡにまで達する可能性がある。これらのノンコーディングＲＮＡは、それまで「遺伝子間」と呼ばれていた領域の産物であることが多い。細菌にとってノンコーディングＲＮＡの遺伝子は、コードする遺伝子と同様に重要なので、いまだに使われているノンコーディングという言い方は時代遅れであることに注意したい。

当初ノンコーディング、あるいは調節性とされたＲＮＡは実際に調節機能を担うが、ときに小さなペプチドをコードすることもある。それが黄色ブドウ球菌のＲＮＡⅢの場合である。

二〇一〇年に化膿レンサ球菌における低分子ノンコーディングＲＮＡの研究過程でエマニュエル・シャルパンティエのグループが行った発見は、きわめて重要なものであることが明らかになった。トランス活性化型 crＲＮＡと呼ばれる低分子ＲＮＡがＣＲＩＳＰＲシステムによる侵入ファージの認識

＊マイクロＲＮＡは二二塩基の微小ＲＮＡで、真核生物ＲＮＡの３'領域に結合してその翻訳に影響を及ぼす。

と、とくにファージの破壊において決定的な役割を演じていることが判明したのである。この研究はまったく予期しなかった目覚ましい展開と、後述するＣＲＩＳＰＲ／Cas９のゲノム編集という革命的な技術の確立をもたらしたのである。

【リプレッサーとアクチベーター】

オペロンモデルはすべての細菌と原核生物、さらに線虫のようないくつかの真核生物にも一般化されたが、さらに確かなものになり、充実し、多様化した。確かに遺伝子は、Lacリプレッサーに多少なりとも類似したさまざまなリプレッサーによって抑制されうる。別のいくつかのリプレッサーによって抑制される遺伝子もあるが、多くは活性化されることもある。この場合は、もはやネガティブな制御ではなくポジティブな制御であり、それを行うのは、遺伝子が特定の条件で発現されなければならないときにオペロンの上流に結合する活性化タンパクである。最もよく知られた細菌の活性化タンパクの一つは、サイクリックＡＭＰ（環状アデノシン一リン酸）と結合する大腸菌のカタボライト活性化タンパク（ｃＡＭＰ受容体タンパクとも呼ばれる）である。サイクリックＡＭＰはホルモンとして作用し、細菌によるグルコース以外の糖の利用に関与する遺伝子も活性化できる。

リプレッサーやアクチベーターは細菌に感染するウイルスであるバクテリオファージにも存在する。ラムダファージのＣＩタンパクはファージの二つの生活環に関与する制御因子である。つまり、このファージは溶菌性にも溶原性にもなりうる。細菌を溶解することができる場合は溶菌性で、溶菌はできないけれどもその潜在能力を持つ場合には溶原性である。ファージが溶菌性であると言われるのは、ファージが自身のＤＮ

Ａを細菌に注入し、それが何度も複製されたあと、それぞれのコピーがタンパクの殻に包まれ、その新しいファージの集合が最終的に細菌を破裂させるような攻撃を行う場合である。これに対して、ファージのＤＮＡが細菌に注入されたあと、染色体に組み込まれて静かになる場合、ファージは溶原性であると言われる。

これら二つの状況の中心にいるのがラムダファージのＣＩタンパクである。このタンパクはリプレッサーとして作用し、ファージＤＮＡが細菌ゲノムに組み込まれるときに切除に貢献する遺伝子の発現を抑制する。ストレスや放射線照射や栄養不足を経験したあとは、RecＡという細菌タンパクが活性化してＣＩタンパクを切断できるようになり、その結果ＣＩタンパクはＤＮＡの切除を抑制できなくなる。

【ノンコーディングＲＮＡ】

ノンコーディングＲＮＡのサイズはまちまちで、一〇ほどの塩基から数百、さらには数千塩基に及ぶほど幅があり、他のＲＮＡやＤＮＡだけではなくタンパクとも非常に効率よく反応する。ノンコーディングＲＮＡとその標的との相補性が完全ではない場合でも、しばしばアンチセンスとして作用する。翻訳開始部位に結合して、メッセンジャーＲＮＡの翻訳を阻害することが多い。しかし、遺伝子の上流に位置するＲＮＡの領域に結合して翻訳を刺激したり、隠されていた領域やリボソームが作用部位にアクセスできなかった領域を広げるなど、構造とコンフォメーションを変えることで遺伝子の翻訳を活性化することもできる。ノンコーディングＲＮＡはタンパクと結合して隔離することによって、タンパクの作用を阻害することもある。こうした現象は今のところかなり稀だが、たとえば多くのグラム陰性菌や大腸菌の低分子ＲＮＡのCsrＢによって隔離されるCsrＡタンパクのケースが非常によく記録されている〔Csr = Carbon storage regulator〕。

分子スイッチとしてのリボスイッチ

まさしくスイッチとして機能する特別なタイプのノンコーディングRNAがある。それがリボスイッチである。リボスイッチは、メッセンジャーRNAの開始部分に位置するRNAの一部である。そのRNAが転写され始めると、リボスイッチは特異的なリガンドに結合するか否かで二つの異なる様式で折り畳まれる。リボスイッチがリガンドと結合する場合、RNAはメッセンジャーRNAの翻訳を阻害する（翻訳リボスイッチ）、あるいは下流にある遺伝子の転写の継続を阻害する（転写リボスイッチ）。最初のケースでは、すべてのメッセンジャーRNAの合成が起こるが、翻訳されない。第二のケースでは、転写の停止によって非常に短いRNAの合成が起こる。リガンドに結合しない場合、RNAは完全に転写され、完全に翻訳される。

非常に多くの場合、リボスイッチのリガンドはメッセンジャーRNAにコードされるタンパクが触媒する反応の代謝産物で、これが直接のフィードバック阻害につながる。リボスイッチのリガンドは非常に多様で、S-アデノシルメチオニンからビタミンB_1、B_{12}、あるいはマグネシウムのような金属や転移RNAにまで至る。

しかし例外もある。リボスイッチはメッセンジャーRNAだけを制御しているわけではなく、ノンコーディングRNAを制御することもある。たとえばリステリア菌では、ビタミンB_{12}をリガンドとするリボスイッチが、プロパンジオールを用いる酵素の一連の遺伝子の制御因子をコードする遺伝子のアンチセンス・ノンコーディングRNAを制御している。プロパンジオールは、共生菌による特定の糖の発酵産物で、腸内に見られる合成物である。

これらの酵素が機能するためには、ビタミンB_{12}が必要になる。

・ビタミンB_{12}がある場合、リボスイッチは短いRNAを合成し、PocRと呼ばれる制御因子の合成を阻害しない。そのためPocRは産生され、その制御下にある遺伝子の合成を活性化する。

・ビタミンB_{12}がない場合、リボスイッチは、長いアンチセンス・ノンコーディングRNAが作られ、それがPocRのメッセンジャーRNAとハイブリダイズするためPocRは産生されないというコンフォメーションにある。

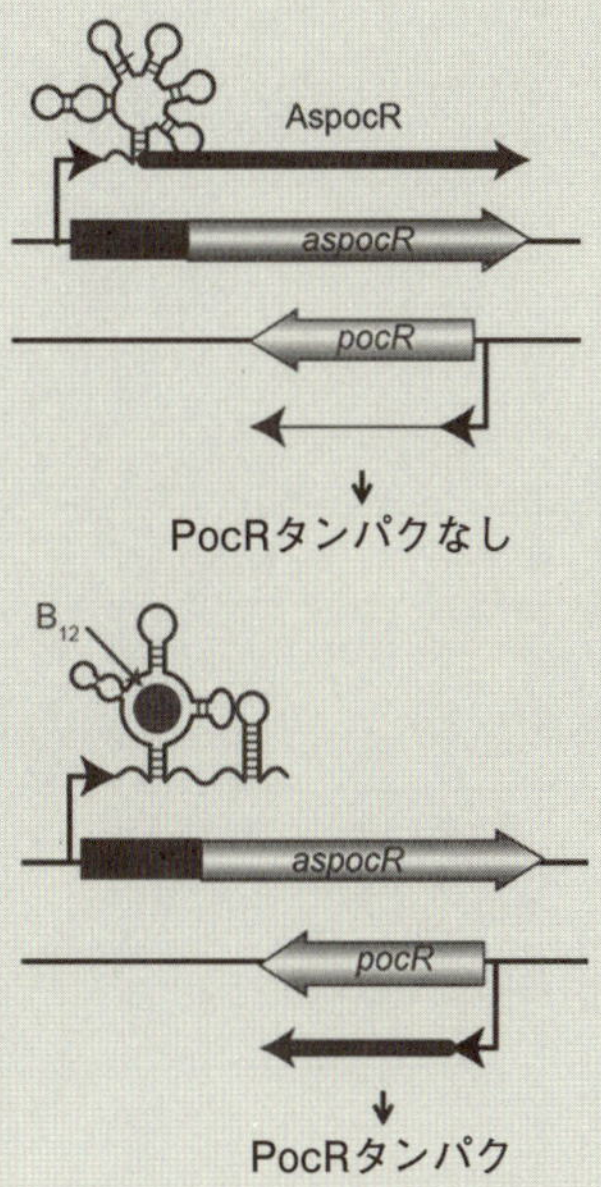

図7　PocRをコードする染色体領域の模式図. (上) ビタミンB_{12}の非存在下では, 長い転写産物AspocR (アンチセンスpocR) がpocR転写産物とハイブリダイズしてpocR転写産物を破壊し, PocRタンパクの合成を阻害する. (下) ビタミンB_{12}存在下では, pocRメッセンジャーがPocRタンパクの合成を可能にする.

このように、活性化因子PocRは条件が整った場合に限り産生される。すなわち、PocRが制御する遺伝子によってコードされるタンパクが、ビタミンB_{12}によって活性化される場合である。

非典型的なリボスイッチのもう一つの例は、リステリア菌と、腸内感染を引き起こす可能性があるエンテロコッカス・フェカーリスで見られる、ビタミンB_{12}の別のリボスイッチである。このリボスイッチは、制御タンパクの隔離に関与するノンコーディングRNAを制御している。その制御タンパクは、エタノールアミンの利用に関わるタンパクをコードする*eut*遺伝子を活性化している。

・ビタミンB_{12}がある場合、短いRNAが産生される。この形状は制御因子を隔離できないので制御因子は細菌内で遊離しており、腸内に豊富に存在するエタノールアミンの使用に関与するタンパクをコードする遺伝子の発現を活性化する。

・ビタミンB_{12}がない場合、長いノンコーディングRNAが産生される。このRNAはタンパクを隔離し、エタノールアミン利用に関与する遺伝子を活性化できない。

この二者択一的で複雑なメカニズムは、腸内における病原菌の生き残りにとって非常に重要である。*eut*遺伝子は共生菌には存在しない。そのため、この遺伝子は共生菌に比較して病原菌に明白な利点をもたらしている。病原菌はエタノールアミンを利用できるが、それはビタミンB_{12}が存在するときだけである。

【黄色ブドウ球菌のRNAⅢ】

黄色ブドウ球菌のRNAⅢは、発現をクオラムセンシングによって制御されている。すなわち、細菌の濃度がある閾値を超えると強く発現される。クオラムセンシングは、細菌におけるいくつかの病原性因子の発現を制御している。RNAⅢは、細菌表面に発現するか、感染の初期段階に分泌されるプロテインAのようなタンパク、およびRotAのような転写制御因子の翻訳を阻害する。しかしRNAⅢは、対応するRNAの翻訳を可能にするアンチセンスとして作用することにより、αヘモリシン（Hla）と呼ばれる毒素の発現を活性化する。さらにこのRNAⅢは、正真正銘の毒素である二六アミノ酸の小さなタンパク（Hld）をコードしている。したがって、五一四塩基の長さを持つ黄色ブドウ球菌のRNAⅢは、感染の過程において多くの制御を行うことができる活性の高い分子である。

【エクスクルドン】

アンチセンスとメッセンジャーという二つの機能を持つRNAがある。これらのRNAは最近「エクスクルドン」と名づけられた細菌の染色体領域でコードされている。もともとリステリア菌のゲノムで認められたこれらの領域は、いくつかの細菌でも検出された。これらの領域は、細菌の染色体上で異なるオリエンテーションで配置された遺伝子やオペロンから構成されている。エクスクルドンはオペロンの一つに対してアンチセンスとなる長いRNAをコードする。この長いRNAの最初の部分は文字通りアンチセンスで、相対する鎖に位置する遺伝子やオペロンの発現にネガティブな影響を及ぼす。しかし、しばしばかなりの長さ——六〇〇〇塩基に達するものもある——を持つこのRNAは、第二の部分でメッセンジャーRNAの役割を演じることがある（図8）。

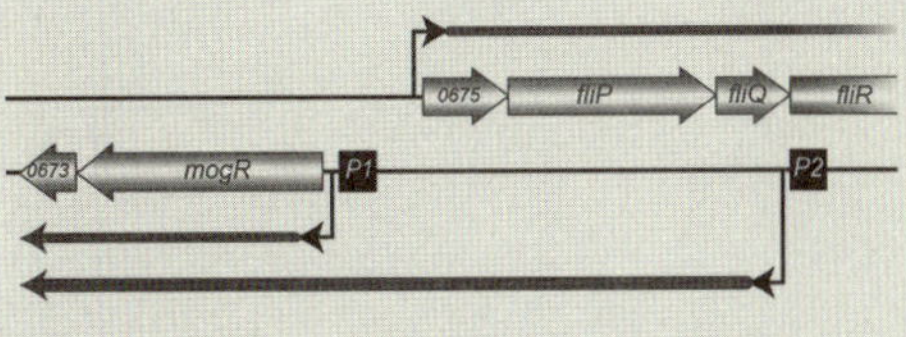

図8　**エクスクルドンの例.** P2で始まる転写産物が発現されるとき，右のオペロンの発現は弱まる.

第4章　防御システムとしてのCRISPRから、ゲノム編集技術としてのCRISPR／Cas9へ

自然環境中において、細菌は捕食生物の攻撃に常に対処しなければならない。とくにバクテリオファージ（あるいはファージ）と呼ばれる細菌に特異的に感染するウイルスは、細菌に付着して自身のDNAを注入し、細菌の複製、転写、翻訳の装置を略奪して自分のDNAを複製、それをRNAに転写してファージタンパクを産生する。その中には細菌を破裂することに特化したものがあり、細菌が破裂すると多くの新しいバクテリオファージが放出されることになる。ファージによる細菌の感染は絶えず繰り返され、環境中、水中、地中、我々の腸内微生物叢を含むさまざまな微生物叢でごくふつうに起こっている（図9）。バクテリオファージは自然界に非常に多く存在し、形、大きさ、組成、潜在的な標的などに関して非常に多岐にわたるファミリーを構成している。攻撃を始めるためには受容体が必要になるが、それは付着部位であり、細菌表面の特別な構成要素である。ウイルスと細菌の間の相互反応の特異性を決めているのは、この付着部位である。

ヨーグルトやチーズを製造するためにサーモフィラス菌など特定の細菌を用いる乳業では、ファージによる感染はとくに恐ろしい。この細菌は牛乳のラクトースを乳酸に変化させる。さらに、サーモ

フィラス菌のそれぞれの株はヨーグルトに肌理《きめ》と特別な味覚をもたらし、それが製品の質に関わっている。その品質は製品の販売を長続きさせるために一定に保たなければならないものだが、とくに人気があり高く評価されている製品の場合にはなおさらである。ファージ感染の影響により細菌の一株が失われることで、深刻な経済的影響を及ぼすことがある。

ここ一〇年の大きな発見の一つは、細菌がＣＲＩＳＰＲ（clustered regularly interspaced short palindromic repeat 規則的に間隔をあけ、どちらの端から読んでも同じ配列を持つ回文的な小さな反復）と名づけられた非常に特殊な免疫系を持っていることで、それによって細菌は捕食生物、とくに過去にすでに出合ったファージを認識し破壊することができる。細菌は捕食生物から防御され、いわば予防接種を受けた状態となる。

細菌に人工的に予防接種することさえできるのである。それはすでに行われ、そのために細菌の集団をファージに接触させた。大部分の細菌は感染して溶菌したが、生き残った少数の細菌はゲノム内、正確にはＣＲＩＳＰＲ遺伝子座と呼ばれる領域にファージのＤＮＡ断片を組み込んだ。それにより、この細菌はそのフ

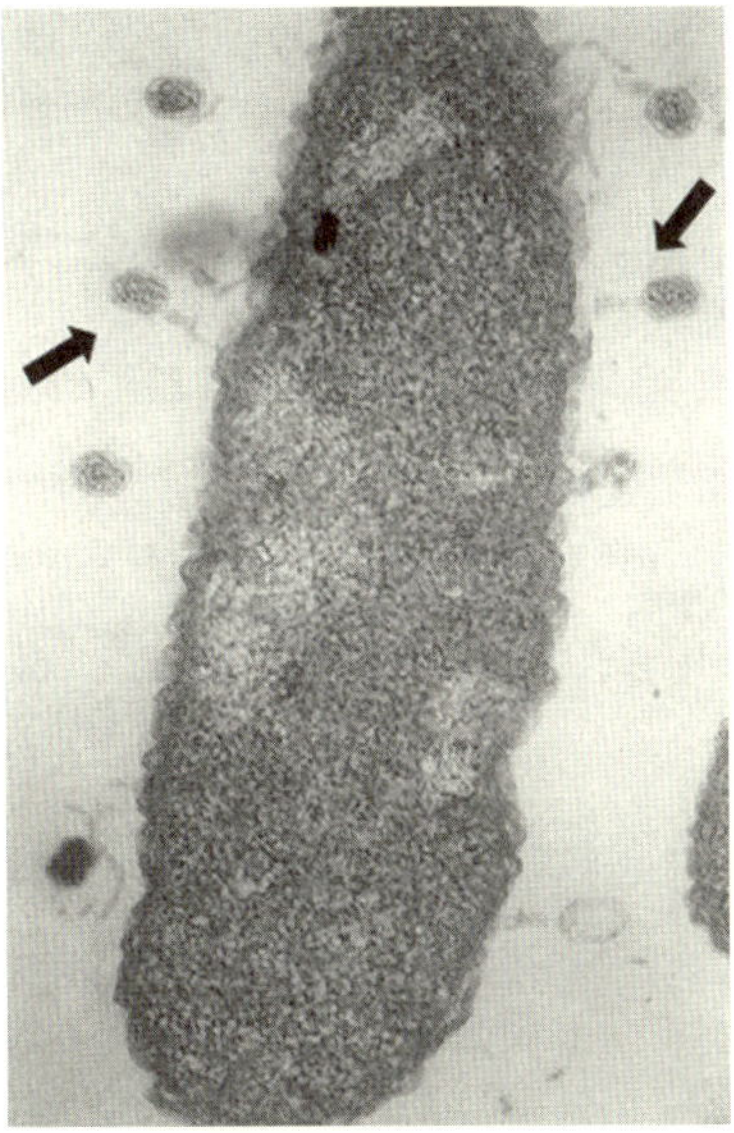

図9　大腸菌に感染するバクテリオファージ.

ァージが次に侵入したときにそれを認識し、ファージDNAが細菌に注入された瞬間からそれを分解して不活化することができる。「干渉」と呼ばれるこの驚くべき現象は、CRISPR領域の特別な構造とCRISPR領域近傍に位置する*cas*（CRISPR-associated）遺伝子のおかげで起こっている。

CRISPR遺伝子座は染色体の領域の一つで、そこでは約五〇塩基の反復配列が、それぞれの間にバクテリオファージと同様の配列（スペーサー）を挟み込んで並んでいる。別々の反復配列を持つ複数のCRISPR遺伝子座を持つ細菌もある。細菌の四〇％は一つ以上のCRISPRを持つが、一つも持たない細菌もある。CRISPR遺伝子座は非常に長く、ときに一〇〇以上の反復配列とスペーサーを持つ場合もある。CRISPRは二種類の機能を持っている。適応とも呼ばれるファージDNA断片の獲得機能と、*cas*遺伝子にコードされるCasタンパクによる干渉、すなわち免疫機能である（図10）。

細菌には相補的で相乗的な役割を担うタンパクが存在するが、その数は細菌によって異なる。これらのタンパクはいくつか機能を持っており、CRISPR遺伝子座へのファージDNA断片の添加を可能にし、とくに免疫応答と侵入者に対する反応を保証する機能がある。実際には、CRISPR遺伝子座は長い前駆CRISPR RNAに転写され、それが細菌の中でスペーサーと反復配列の一部を含むCRISPR RNA（crRNA）と呼ばれる小さなRNAに切断される。ファージが自身のDNAを細菌に注入すると、そのDNAと結合するcrRNAによって認識される。続いて、ファージDNAとcrRNAのハイブリッドを認識する酵素がやってきて、crRNAが対をなす部位でDNAを切断し、ファージDNAの複製と感染を不活化する。

CRISPRシステムを「ゲノム編集」と呼ばれる過程、すなわちゲノム改変に応用する際に決定

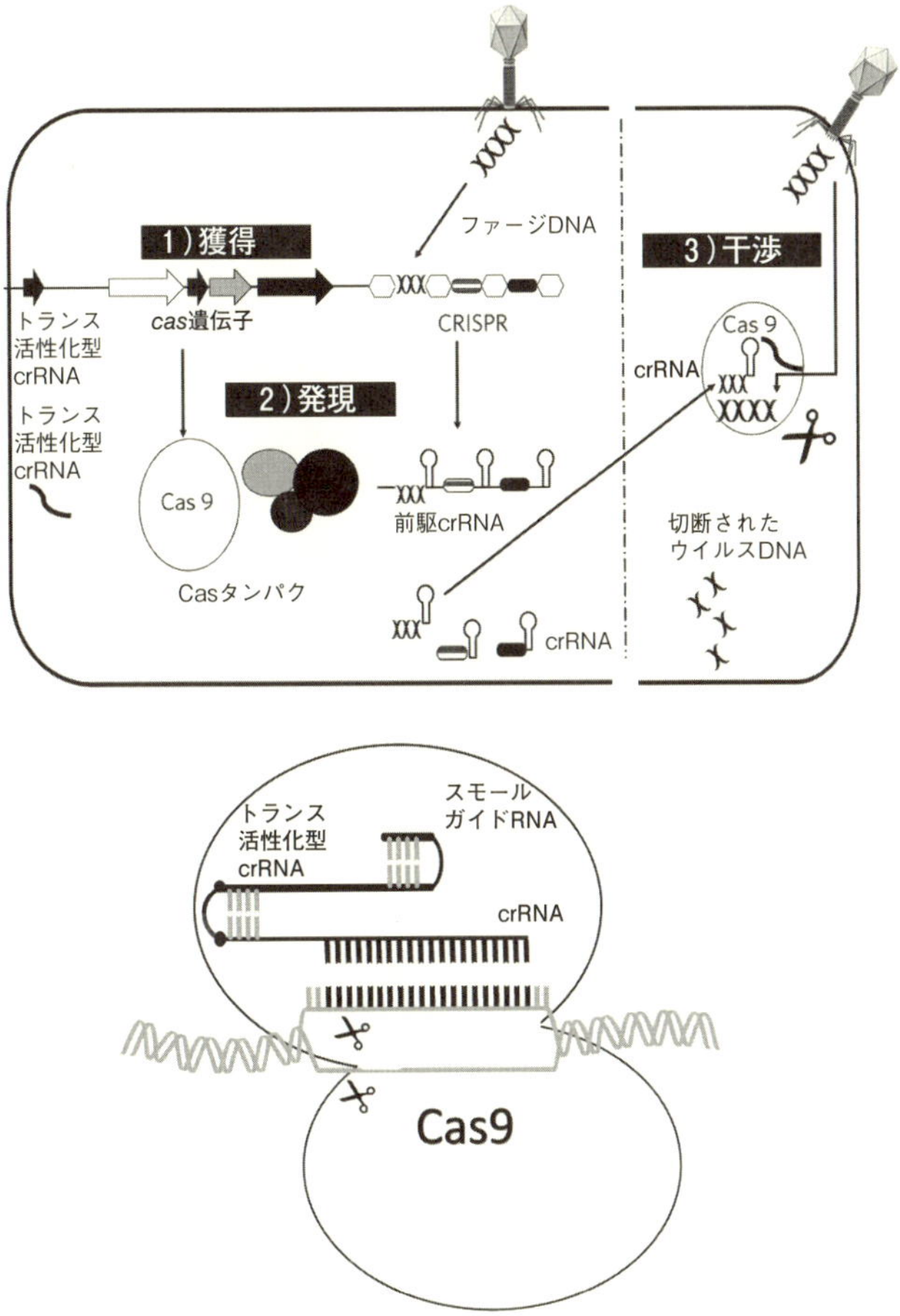

図10 （上）図は次の3段階を示している．①ファージ DNA 断片の CRISPR 遺伝子座への取り込み（獲得）．②Cas タンパクの発現と前駆 crRNA の発現．前駆 crRNA はその後いくつもの小さな crRNA に切断される．③細菌内に注入されたファージ DNA が crRNA と出合った時に起こる干渉．ハイブリッドが形成され，その後分解される．（下）crRNA とトランス活性化型 crRNA からなるスモールガイド RNA によるゲノム編集の模式図．

的になったのは、ハイブリッドの切断を行うタンパクの同定で、それはCas1タンパクを含むいくつかのタンパクの複合体によって、またときにはCas9タンパクという単一のタンパクによって行われるという発見であった。なかでもCas9タンパクは独特で、それ自身がDNAと結合でき、自身の構造の二つの異なる領域のおかげでDNAの二本鎖のそれぞれを切断できる。それがCRISPR/Cas9技術の基礎にあり、さまざまなタイプの改変や変異を哺乳類、植物、昆虫、魚類、そして細菌のゲノムに導入することを可能にしている。このシステムはCas9タンパクとガイドRNAによって機能している。ガイドRNAは、変異を入れる領域に対応するRNA、およびトランス活性化型crRNAというもう一つのRNAからなるハイブリッドである。トランス活性化型crRNAは、化膿レンサ球菌のCRISPR遺伝子座の横で発見され、CRISPRの反復領域との相同性が明らかになった。そのため、Cas9タンパクとcrRNAをその標的に導くことができる。

　つまり、細菌のCas9タンパクとハイブリッドRNA（標的にしたい領域に対応する配列とトランス活性化型crRNAからなる）の二つを、どのような由来の細胞の中にでも発現させることができれば、ゲノムの特定の領域に変異や欠損を導入できるということである。

　エマニュエル・シャルパンティエとジェニファー・ダウドナのチームが、先見性に富む論文を二〇一二年に『サイエンス』誌に発表すると、この手法があまりにも魅力的に見えたため、膨大な数の研究を惹起し、論文が書かれるに至った。その結果、この技術が多くの場合に機能し、種々の方法で使用できることがわかった。たとえば、DNAに結合できるが切断はできないCas9タンパクを用いることができる。dCas（dead Cas）と名づけられたこのタンパクは、リプレッサーあるいはアクチベータータンパクと融合させれば、切断することなく望む遺伝子座に結合でき、哺乳類の遺伝子を抑制あるいは活性化する。また、一つのCas9といくつかのガイドRNAを用いると、一回の実験でいくつもの変異を生み出すことができることも明らかにされた。

つまり、画期的な技術が生まれ、生物学の多くの領域に激震を走らせ、遺伝子治療のような重要な医学的応用を計画できるまでになった出発点にあったのは、ファージに対する抵抗性、多くのゲノムに存在するノンコーディング反復配列の役割、あるいは低分子ノンコーディングRNAの役割といった、細菌生理学の根本的な側面に興味を覚えた微生物学者による詳細な研究だった。これらの発見の中心人物は、至極当然の大変な栄誉をすでに受けている。

CRISPR／Cas9技術は多くの研究対象になっているが、同時に倫理的な問題も生み出している。今からすぐに遺伝子治療に取りかかることはできるのだろうか。実験とその後の検討は十分なのだろうか。この技術の最新の洗練と改変されたCas9の使用をもってすれば、狙った標的以外に付随的な変異を生み出さないという保証はあるのだろうか。

第5章　抗生物質に対する耐性

抗生物質の発見

一九二〇年代の終わりにロンドンのセント・メアリー病院でブドウ球菌の性質を研究していたアレクサンダー・フレミング卿は、培養中のブドウ球菌を作業台に放置したまま休暇に出て、帰ってきてそのうちの一つにカビが生えていることに気づいた。当時、細菌の培養は液体培地かペトリ皿の寒天培地で行われていた。フレミング卿が、カビが生えていることと、そのカビ周囲に細菌がないことに気づいたのは、ブドウ球菌が増殖していたペトリ皿の一つで、他のペトリ皿ではまったく正常に細菌が増殖していた。そしてすぐに、このカビが細菌を殺すのではないかという考えが浮かんできたのである。彼は直ちにこのカビをアオカビ（*Penicillium notatum*）と同定する。そしてその抽出物を分離し、それがブドウ球菌だけでなく、猩紅熱の原因菌（A群レンサ球菌）、ジフテリア菌、肺炎の原因菌（肺炎球菌）、あるいは髄膜炎菌に対しても活性があることを指摘し、抽出物の活性因子を「ペニシリン」と命名した。彼はこの発見を一九二九年に発表し、ペニシリンは注射でも塗布でも細菌に対して有効な殺菌剤になりうることを、いくつかの治験をもとに確認した。しかし残念なことに、ペニシリンは容易に試験できるだけの十分量を精製、分離することが非常に難しかった。それが可能になるまでには、一〇年ほどの年月と、オーストラリア人薬理学者ハワード・フローリーとドイツ生まれの生化学者エルンスト・チェーンという他の二人の科学者の共同作業を待たなければならなかった。ヒトでの治験は一九四一年から始まり、その結果には目覚ましいものがあった。一九四三年五月には戦争がアルジェリアまで広がり、イギリスの負傷兵が当時アメリカで作られていたペニシリンの最初の注射を受けた。一九四五年、アレクサンダー・フレミング、ハワード・フローリー、エルンスト・チェーンは、ペニシリンとその治療応用の研究によってノーベル賞を共同受賞する。

フローリーとチェーンの研究に続き、他の研究者、とくにセルマン・ワクスマンは、ペニシリンがすべての細菌種を殺すわけではないので、他の抗生物質を探すために多くの微生物をふるいにかけた。そして一九四四年、彼らは土壌中のストレプトマイセス属の細菌からストレプトマイシンを分離し、他の多くの抗生物質がこの発見に続くことになる。

サルファ剤の登場

ペニシリンがヒトではまだ使われていなかった頃、ドイツ人生化学者のゲルハルト・ドーマクによって発見された非常に効果的な他の抗微生物薬〔サルファ剤〕が、パリのパスツール研究所のジャック・トレフエル、テレーズ・トレフエル、フレデリック・ニティ、ダニエル・ボヴェによる研究の結果、一九三五年に治療に導入された。ここでもまた予期せぬ形で、二〇世紀初頭からアゾ染料の抗微生物効果が注目されていた。これらの研究は、レンサ球菌感染症、とくに皮膚の感染症である丹毒の治療に三〇年以上使われていたプロントジル（スルファミド・クリソイジン）〔最初のサルファ剤〕の抗微生物活性を明確に示すことになる。サルファ剤はパラアミノ安息香酸の誘導体で、テトラヒドロ葉酸の合成系を阻害し、核酸を構成するプリンとピリミジン塩基の合成を抑制することによって細菌を死に至らしめる。しかし、サルファ剤摂取にともなう重大な問題としてアレルギーの危険性がある。

ゲルハルト・ドーマクは一九三九年にノーベル賞受賞者に選出されたが、ヒトラーによって阻止され、一九四七年になるまで受賞できなかった。

抗生物質の作用機序

細菌を標的に作用する化学物質を一般的に抗生物質と呼ぶ。ヒトの細胞に対する活性がまったくない点で、殺菌剤とは区別される。殺菌剤が外用にしか使われないそもそもの理由がここにある。抗生物質は細菌の発育を阻害したり（「静菌性」と呼ばれる）、細菌を完全に殺したりする（「殺菌性」）。今日では一万以上の抗生物質が知られ、そのうち一〇〇ほどが医療で使用されている。

抗生物質は狙う標的によって殺菌性であったり、静菌性であったりする。実際には細菌の異なる部分に作用し、たとえば細胞壁に作用する場合であれば、その合成を阻害する。これがまさしくペニシリンやβ－ラクタム系抗生物質の場合である。また、抗生物質が膜に入り込み、そこで作用して透過性を高め、それが構成要素の漏出と細菌の破壊を可能にすることがある。これがポリミキシンＢのような環状ペプチドの場合である。細菌の中に入り、ＤＮＡと結合して複製、転写を阻害する抗生物質もある。フルオロキノロンがこのように作用する。先のサルファ剤のところで述べたように、抗生物質の中には、細菌のＤＮＡ合成に関与する構成要素の類似体で、細菌のＤＮＡ合成を阻害するものがある。さらに、細菌タンパクの合成段階の一つに作用して細菌の増殖を阻害するものもある。これがテトラサイクリン系抗生物質（オーレオマイシン）とマクロライド系抗生物質（エリスロマイシン）の場合である。

初期の抗生物質はストレプトマイセス属のような細菌か、ペニシリウム属のようなカビによって天然に作られるものであった。現在では多くが天然の産物を変化させて製造され、それは半合成抗生物質と言われている。さらに、完全に合成された抗生物質もある。

抗生物質は細菌を標的にし、ヒト細胞の構成要素は標的にしていないが、だからと言って完全に無害なわけではない。とくに治療が長期に及んだり大量投与されたりする場合には、副作用もありうる。通常、抗生物質の服用は大部分が細菌からなる腸内微生物叢に影響を与え、下痢を引き起こす。ペニシリンおよびセファロスポリンは、ときにアレルギー反応の原因となる。さらに、いくつかの抗生物質はヒトの組織に毒性を持ち、無視できない結果をともなう。たとえばゲンタマイシンは難聴と腎不全の原因となり、ストレプトマイシンは難聴、フルオロキノロンは心臓の障害の原因となる。一般的に、これらすべての副作用は治療を停止するとおさまる。

抗生物質は特定の細菌や細菌の科には活性を示すが、他のものには活性がない（図11）。

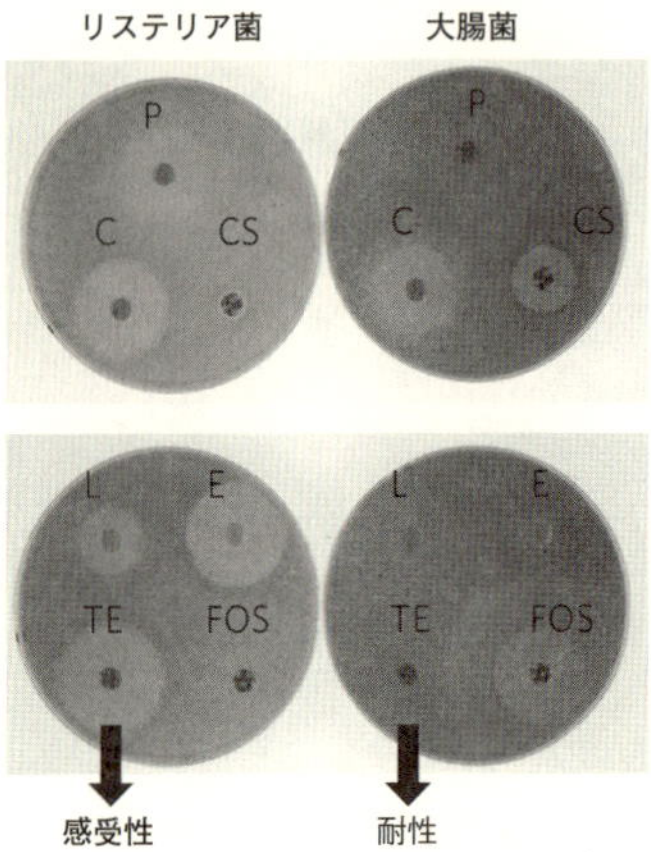

図11　**アンチバイオグラム（薬剤耐性記録）**．細菌はペトリ皿上で培養され，抗生物質を浸したディスクがこれらの皿の上に置かれる．すると細菌が抗生物質に感受性を示す明るい領域が見られる．もし細菌に耐性があれば，ディスクが置かれた場所でも非常によく増殖する．

抗生物質は第二次世界大戦後に広く使われ、結核やペストのような感染症に関連した死亡率を著しく減少させた。その有効性には目を見張るものがあったが、不幸にも動物とヒトの健康のために大量に繰り返し使われたことが選択圧の原因となり、耐性菌の出現を招いた。この現象は一九六〇年代の終わりに、あらかじめ決まっていたかのように現れた。それは拡大し、こんにちでは世界的に深刻な懸念となり、新たな規制と治療上の窮地を回避するための代替解決策が模索されるに至っている。

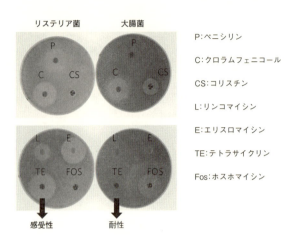

動物における抗生物質

家畜は抗生物質を大量に消費する。世界で製造される抗生物質の五〇％は、治療、予防、あるいは付加的な目的で家畜に充てられている。二〇一一年にフランス国立動物用医薬品局（ANMV）が刊行した報告によれば、二〇〇九年のフランスはヨーロッパで第二の抗生物質消費国であった。抗生物質売り上げの四四％を養豚用が占める。それに鶏と牛が続き、それぞれ二二％、一六％である。合衆国では抗生物質が成長促進剤として組織的に用いられているが、それはヨーロッパでは二〇〇六年以降禁止されている。ヒトの場合と同様、畜産における抗生物質の過剰消費は耐性の原因となっている。非常に大きな問題は、一つあるいは二つ以上の抗生物質に耐性を持つ菌（多剤耐性菌）、あるいは耐性遺伝子を持つプラスミドが畜産の過程で生じ、それが食物連鎖を介して直接あるいは間接にヒトに伝播することである。

初期の耐性から世界的パニックへ

細菌の中には、抗生物質の標的となるものを持っていないか、抗生物質に対して非浸透性があるため、特定の抗生物質に対して天然の耐性を持っているものがある。たとえばバンコマイシンに耐性のある大腸菌、アンピシリンに耐性のある緑膿菌、あるいはナリジクス酸に耐性のあるリステリア菌がこの例である。

もともとは、一つ以上の抗生物質に対して感受性のあった病原菌の多くが、耐性を示すようになった。それはどのようにして起こったのだろうか。おもなシナリオが二つ知られている。一つは細菌が変異する、すなわちゲノムに変異が起こる可能性である。それはしばしば複製時に起こり、細菌が抗生物質の抗菌効果を回避できるようになる。この変異細菌は抗生物質の存在下でも増殖でき、ときに環境中に拡散することがある。他方、耐性の出現は他の細菌からのプラスミドの獲得によることがある。その細菌は必ずしも病原菌ではないが、耐性を付与する遺伝子を持っている。この遺伝子獲得、すなわち細菌から細菌への遺伝子の水平伝播は、たとえば腸の内容物の中で二つの細菌が接触するときに起こる。そのとき接合現象が生じ、性繊毛という接合管をプラスミドDNAが通過することによって、細菌から細菌へプラスミドが伝播する。プラスミドを獲得した細菌は抗生物質の存在下で増加し、他の細菌よりずっとよく増殖することができる。獲得された耐性の八〇％は、このプラスミドの獲得という現象によって起こっているであろう。

プラスミドはしばしば複数の耐性遺伝子を持っている。耐性遺伝子によってコードされるタンパクとはどのようなものだろうか。抗生物質に対する耐性を細菌に付与するメカニズムはどのようなものだろうか。ここでも、いくつかのシナリオが知られている。プラスミドを収めた細菌はタンパク（酵素）を産生し、それが抗生物質を変化あるいは破壊して不活化することができる。また、耐性プラスミドは抗生物質の標的を変化させるタンパクをコードし、その結果抗生物質が無効になることもある。耐性遺伝子は膜の不透過性をもたらすこともある。さらに、一度細菌内に入った抗生物質を膜輸送タンパクが菌外に送り出すという耐性のメカニズムがある。

プラスミドの接合に加え、遺伝子の水平伝播は形質転換と呼ばれる現象によっても起こることがある。ある細菌はある状況において「コンピテント（形質転換受容性）」になり、環境中にある一般的には溶解した細菌に由来する異種DNAを取り込むことがある。このタイプの遺伝子伝播は肺炎レンサ球菌でとくによく研究されたが、四〇以上の細菌種はもともと、外部のDNAによる形質転換が可能であることが知られている。

抗生物質の耐性はしばしば病院で出現するが、フランスで消費される抗生物質の半数が病院で使われている。

耐性に関連する最も深刻な問題については、とくに集中治療室における敗血症と、肺や骨の多彩な感染の原因になっているメチシリン耐性黄色ブドウ球菌（MRSA）に言及しなければならない。耐性菌に感染すると、患者はより長期にわたって病み、死の危険性も増大する。メチシリン耐性黄色ブドウ球菌に感染した人の死亡率は、非耐性菌に感染した人に比べて六三％高い。耐性菌感染により入院期間とより徹底した治療が長引くため、治療費が増大する。

病院では、多くの院内感染の原因である緑膿菌がカルバペネム系抗生物質への耐性を強めており、深刻なことに、既知のすべての抗生物質に完全に耐性を示す株が嚢胞性線維症患者に感染している。院内感染の原因となる他の細菌としては、自然に形質転換して多数の抗菌剤に耐性になるアシネトバクター・バウマニがますます増えている。

院外で耐性が見られるのは、ペニシリンに耐性となった肺炎レンサ球菌や、広域スペクトルのβ－ラクタマーゼを産生する腸内細菌科に属する細菌である。これらの腸内細菌科の細菌の中には、大腸菌とクレブシエラ・ニューモニエがある。尿路感染の原因となる大腸菌はアモキシシリンに耐性となり、現在治療にはセファロスポリンが使用されている。

結核菌が原因となる結核は、最初はストレプトマイシンによって治療された。ここ数十年来、四つの抗微生物薬（イソニアジド、リファンピシン、ピラジナミド、エタンブトール）の組み合わせで、少なくとも六か月というかなり長期にわたる治療が行われている。その理由は、この細菌はマクロファージ内で増殖して凝集した感染細胞からなる肉芽腫という密な構造を形成する上、増殖が遅いからである。最も効果的な最初の選択である二つの抗結核薬――イソニアジドとリファンピシン――に耐性の結核菌は、しばしば抗結核薬の不適切な使用や低品質の薬剤の使用の結果現れる。そのため第二の選択となる薬剤を用いなければならないが、それらは手に入りにくく高価で、二年もの間摂取しなければならないため、ときに患者に望ましくない重篤な副作用をもたらす。

さらに重篤な結核に発展する場合もある。多剤耐性株による結核である。これらのケースはおもに中国、インド、ロシアで記録されているが、そうした国ではおそらくフランスや他のヨーロッパ諸国に比べて、患者の追跡調査の実績がよくないだろう。耐性の現象は世界のどの国にも存在するが、衛生レベルの低い国ではとくに深刻である。

どんな解決、どんな希望があるか

抗生物質は第二次世界大戦後の医学を急激に変容させ、それまで致死的だった多くの細菌性疾患の治癒が可能になった。抗生物質はまた、臓器移植やプロテーゼ移植のような大手術、そして患者を免疫不全状態にする、とくに白血病のようながんの化学療法において、目を見張る発展を可能にした。しかし、抗生物質の耐性は院内感染数を増加させ、その中には治療が非常に難しくなり、医者が治療に手を焼くようになるものもある。我々は抗生物質以前の時代に戻るのだろうか。

抗生物質の黄金時代は一九九〇年代の初めに終わりを迎え始めた。そのとき、新しい抗生物質の開発と研究の速度は落ち、もはや耐性の出現を抑えることができなくなっていた。抗生物質に耐性となる細菌の数が増え続けていることや、とくにこの現象の不可逆的な帰結については認識されており、対抗策が講じられた。二〇〇二年、フランス国民健康保険は最初のキャンペーンを始めた。「抗生物質は自動的に処方されるものではない」というスローガンは、抗生物質は細菌感染の場合にだけ使われるべきで、ウイルス感染ではいかなる場合も使ってはいけないということを市民社会に自覚させることを狙っていた。抗生物質の消費は一五％減少した。二〇一〇年に始まった「間違って使うと効果を弱める」という新しいキャンペーンの目的は、耐性の現象を理解させることである。現時点ではどんな代償を払っても抗生物質の消費を制限し、非の打ちどころのない衛生対策で耐性菌の拡散と闘わなければならない。

どのようにして耐性菌と闘うのか。新しい抗生物質を発見することによってなのか。もちろん、それはすべての人の夢である。しかし、この夢が実現するためには、大きな製薬会社が最重要課題とはみなされない研究が必要になる。前述のように、最良の抗生物質は細菌あるいは他の土壌微生物によって作られる。これらの微生物を培養してその培地に含まれる抗菌性を検査することにより、最良の抗生物質は発見されてきた。

すべての微生物がふるいにかけられたように見えた。しかし、自然環境中には培養可能な細菌だけではなく、これまでは培養不能だった多数の細菌が生きている。ごく最近の論文には、まったく新しい抗生物質テイクソバクチンの発見が記述されている。それは、「培養不能」だが地中に似た環境で増殖する細菌、すなわちアクアバクテリアに近い新しい属に分類される、それまで知られていなかったグラム陰性菌 *Eleftheria terrae* によって産生されたものである。テイクソバクチンはブドウ球菌、腸球菌、結核菌のようなグラム陽性菌に非常に強力な効果がある。また、クロストリジウム・ディフィシルや炭疽菌にも効果がある。反対に、大部分のグラム陰性菌には効果がない。テイクソバクチンは、ペプチドグリカンの前駆体である脂質Ⅱ（lipid Ⅱ）に結合してペプチドグリカンの合成を抑制する。試験管内実験によれば、この抗生物質は耐性株の出現を容易には誘導しないことが示唆されている。最後に市場に出た強力な抗生物質はバンコマイシンであった。一九五六年のことである。バンコマイシンに対する耐性は、この抗生物質を産生していた株（*Amycolatopsis orientalis*）に近い株からの遺伝子伝播によって出現した。しかし、耐性が現れるには三〇年以上にわたる抗生物質の使用が必要であった。テイクソバクチンについても同様であることを願いたい。

現在、細菌の培養上清の選別とは別の戦略が探究されている。多くの研究者は化学的構成要素のライブラリーを選別し、培養中の細菌の増殖に対する効果を調べている。たとえば、スチュアート・コールのグループは、結核菌壁の構成要素であるアラビナンの合成を阻害することによりベンゾチアジノンが結核菌を殺すことを発見した。この細菌をベンゾチアジノンで処理すると、溶解して死に至る。ベンゾチアジノンの誘導体であるＰＢＴＺ169はベダキリンとピラジナミドとの相乗作用により、きわめて有望な抗生物質として名乗りを上げている。

もう一つのより合理的な戦略は、細菌の必須遺伝子*によってコードされるが哺乳類の細胞にはそれに相当するものがないタンパクの酵素活性を化合物で抑制しようとするものである。

さらに、本章末のコラムと第7章で述べるクオラムセンシングの抑制が、あらゆる手段を使って感染症を食い止めようとしている多くの研究者に夢を与えている。

ファージセラピー

この技術は新たにニュースになっている。これは細菌に感染するウイルスであるバクテリオファージによって細菌を除去するもので、理論的に多くの利点がある。その理由は、ファージが非常に特異的で、副作用がまだ一切指摘されていないからである。作用は迅速で、一般的に即時的である。バクテリオファージは細菌以外の細胞内には侵入しない。したがって細胞内細菌による感染の治療には向いておらず、ふつうは皮膚へ塗布される。じつは、ファージセラピーは抗生物質の発見以前に世界的に普及し始めていた。その後、旧ソ連諸国以外では姿を消したが、一九九〇年以降、真剣に再検討されている。ファージの使用が緑膿菌の潜在的な感染を減少することにより皮膚移植の成績を改善できることが証明された。最近の多くの研究によって、この方法の有効性について説得力に富む証明がなされたが、それでもなお、根治すべき細菌に特異的なファージを自由に使えるようになることが求められている。まずまずの充実度を持つ「ファゴテック」〔本を揃えている図書館《ビブリオテック》のように、ファージを揃えているライブラリーを指す〕は、たとえばジョージアのエリアバ研究所、ポーランドの免疫学実験治

＊必須遺伝子とは生存と増殖に不可欠な遺伝子のことで、その変異は細菌を死に導く。

療研究所にある。

ファージセラピーはフランスでも他のヨーロッパ諸国でも合法ではない。それを市場に出す許可を得るためには、たとえば、装備総局（DGA）あるいは欧州連合が出資しているいくつかの研究の結果を待たなければならない。欧州連合第七次研究・技術開発フレームワーク・プログラム（健康プログラム）が資金援助する「ファゴバーン」（Phagoburn）という共同プロジェクトが、二〇一三年六月に開始された。これは熱傷患者における大腸菌と緑膿菌による皮膚感染治療でのファージセラピーの効果を評価するためのもので、将来性に富んでいるように見える。フランスのクラマールにあるペルシー軍病院、ベルギーのライン・アストリッド軍病院、スイスのヴォー州立大学病院センターという重篤な熱傷患者の治療に当たる病院のユニットで行われているこの試みは、この種のものではおそらく最初だろう。

ファージは、たとえば汚染されている可能性のある生《なま》の食材を処理することにより、病気の出現を抑える予防策としても使われる可能性がある。二〇〇六年アメリカ食品医薬品局（FDA）は、リステリア症対策としてファージで食材を処理することを許可したが、現在まで他のファージについては一切許可されていない。

ブデロビブリオ――もちろん使ってみよう

現在も研究中の斬新なアプローチは、非常に特殊で致死性の高い細菌の使用を基にしている。ブデロビブリオは細菌を攻撃するグラム陰性の非常に小さな細菌だが、ほぼ大腸菌やアシネトバクター・バウマニのようなグラム陰性菌だけを攻撃する。この捕食生物は我々の腸内微生物叢の一部を構成している。ブデロビブリオが獲物に出合うと接着して外膜を突き抜け、外膜と内膜の間にある空間「ペリプラズム」の中に入る。ブデロビブリオが侵入した際にできる孔は素早く閉じる。それから細菌はペリプラズム（以後「ブデロプラスト」と呼ばれる）で複製し、ブデロビブリオはその中で繊維状の増殖と分裂を始める。ブデロビブリオによる細菌攻撃の最終段階は、獲物を溶解し、環境中に同様の細菌を多数放出することである。ブデロビブリオを生きた抗微生物薬として用いることができるだろうか。現時点では、この生きた治療薬はまずは抗生物質との組み合わせで、たとえば皮膚の熱傷に外用で使用することができるのではないだろうか。

我々が過渡期にいることに疑いの余地はなく、そこでは新たな耐性の出現をできる限り避け、そして新しい有効な治療戦略の発見を試みることがまさしく肝要である。

【クオラムセンシングの抑制】
多くの病原菌は高密度で存在するときにだけ病原性因子を発現する。そうするために細菌は、細胞表面の受容体によって自身や同種菌が環境中で産生する分子——オートインデューサー（クオルモン）——を受容する。クオラムセンシングとは、細菌がこのオートインデューサーの受容後に集団で行動する能力のことである。

病原菌集団の病原性因子の発現を調整しているクオラムセンシングを抑制すると、病原性を抑制するはずである。それはシグナル伝達分子を作る酵素や関与する分子の受容体を抑制すること、あるいはシグナル伝達のメカニズムと競合することを意味している。のちに見るように、この原則はすでにコレラの例で有効性が確認された。

他方、細菌が作るペプチドを仲介させるという、特別な形のクオラムセンシングがある。これらのペプチドは、大量に産生された場合、これを産生しない細菌を死に導く。この死は抗毒素の破壊と毒素の合成によるもので、この毒素は標的となる細菌のメッセンジャーＲＮＡに作用するエンドヌクレアーゼである。ペプチドにより誘導されるこれらの死のシステムはまだよく知られておらず、これを利用するためには研究を深化させる必要がある。

第Ⅱ部　細菌の社会生活——社会微生物学

第6章　バイオフィルム——細菌が集まるとき

原核生物と真核生物の最も大きな違いの一つは、原核生物（真正細菌とアーキア）が核を持たないということ以外に、母細胞とほとんど同一の二つの娘細胞を生み出し、娘細胞は母細胞のように単細胞性だということである。一般的に、これらの細胞は分化しないか、ほとんど分化しない。反対に、さまざまな臓器と組織を持つ非常に複雑な多細胞からなる有機体を形成する真核生物（動物と植物）においては、細胞は分裂するが必ずしも同一の細胞を生み出さない。高等生物の各細胞は同一の遺伝形質、すなわち同一のＤＮＡを含んでいても、すべての遺伝子が各細胞内で同じように発現しているわけではない。発生過程で高等生物の細胞は分化し、さまざまな臓器や組織の形成に関与している。

しかし、一九七八年にコスタートンが「バイオフィルム」と命名した多細胞性の一形態は、ほぼすべての細菌の生活様式を特徴づけているように見える。複数の細菌が一つの表面に接着して増殖し、その全面に広がって特別な構造を生み出すとき、それはバイオフィルムと呼ばれる。細菌のこうした様態は現在ますます研究が進んでいる。他方、ルイ・パスツールとロベルト・コッホ以降、古典的な微生物学は栄養が豊富な液体培地を入れたフラスコ内で振盪するという純粋培養——「プランクトン

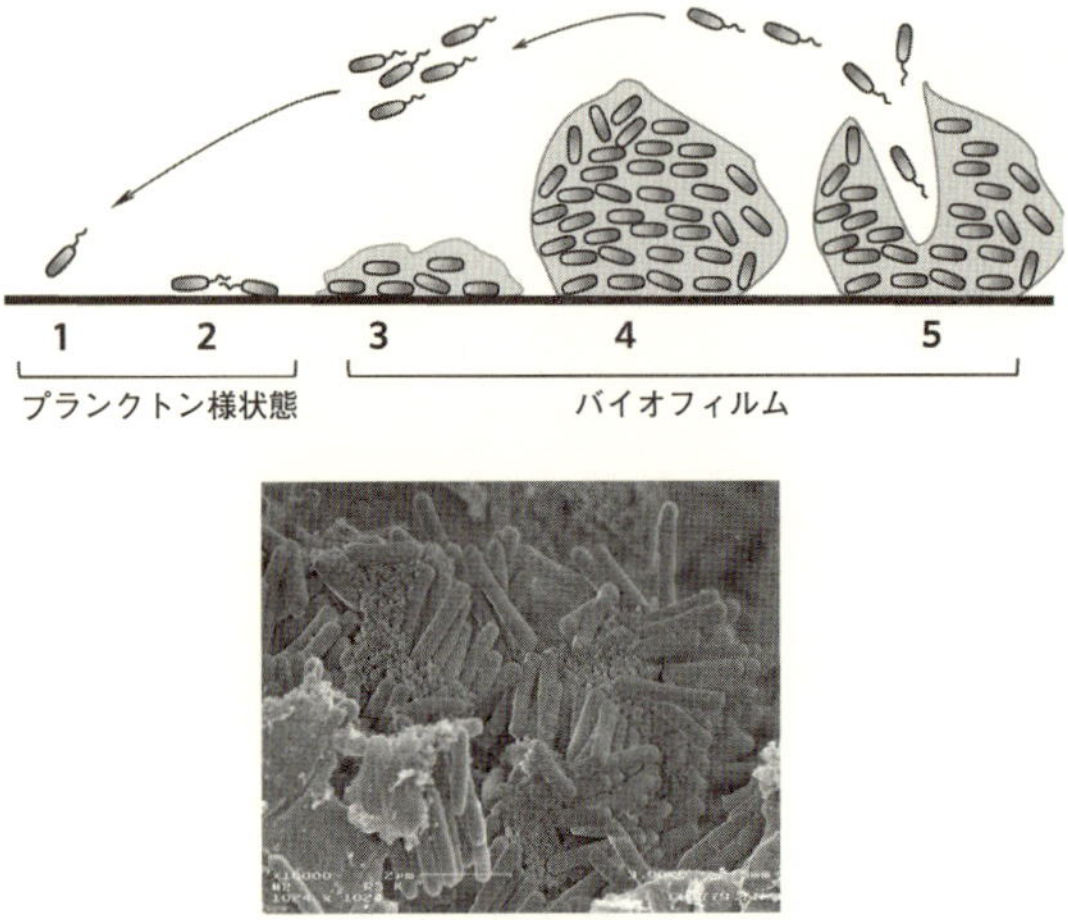

図12　**バイオフィルム形成の模式図と電子顕微鏡写真.**

様」とされる増殖様式——で、しばしば自然環境とはかけ離れた状態で増殖させた細菌を研究することに専心してきたのである。研究が進むにつれて、細菌はプランクトン様状態を採り入れたり、バイオフィルムを形成したりできることがわかっている（図12）。

バイオフィルムは一種類の細菌しか含まない均質な場合や、いくつかの細菌を含む不均質な場合がある。さらに、天然のバイオフィルムは細菌しか含まないわけではなく、真菌やアメーバも含むことがある。つまりバイオフィルムは、一つの表面に集まって発育し、「基質」と呼ばれる一群の成分を産生する細胞の集合である。基質はバイオフィルムの緊密な結びつきを維持し、外部の攻撃からその構成メンバーを護り、関与するそれぞれのメンバーの特質を刺激して相乗効果を助長したり、さらには強化したりすることもある。バイオフィルム中に存在する細菌はプランクトン状態で培養された同じ細菌にくらべて、過酸化水素水、次亜塩素酸水、あるいは消毒薬に対してより抵抗性となる。

さらに、そしてとくに重要なことは、バイオフィルムがそれを構成する細菌に対して抗生物質への強い耐性を付与することで、そのため細菌のバイオフィルムはますます深刻さを増す医学的問題になっている。細菌バイオフィルムは無機物の表面で発育し、食品を含むさまざまな製品の容器を汚染するだけではなく、定期的に磨かれていなければ歯の表面で発育して虫歯や歯肉炎を起こすことがある。また、人口股関節のようなプロテーズ上や患者の栄養補給のためのカテーテル内でも発育することがある。

バイオフィルムの基質は細菌が産生した糖の重合体である多糖を含んでいる。基質はセルロースを含むことがある。たとえばサルモネラ属の細菌は、植物と同じくらいセルロースを産生する。また、バイオフィルムはしばしば細胞壁を失ったあとに破裂した細胞由来のＤＮＡを含む。しかし、これらのバイオフィルムは非浸透性の構造ではない。水や液体、栄養素を浸透させる生きた構造である。

大部分の細菌の生存様式であるバイオフィルムは、医療分野（抗生物質の耐性、感染の長期化）、工業分野（錆の発生に関連して起こる腐食の問題）、そして農産物加工業分野の問題となっている。リステリア菌のような細菌は、掃除や徹底的な除菌によって消滅したように見えても、たとえば牛乳の容器の中でバイオフィルムの形で生き延び、何年か後にふたたび出現することがある。さらに、バイオフィルムは飲料水の品質や配管の維持に関する問題を引き起こす。

しかしバイオフィルムの形成は可逆的で、ある条件下ではバイオフィルムはバラバラになったり、細菌の個別の「プランクトン様」増殖に戻ったりする。バイオフィルムが形成されるためには、まず適切な表面が必要となるが、それだけが細菌が集合する唯一の形態ではない。事実、組織化の程度がはるかに低く、その組成も変動するものがある。それが「微生物叢」である（第9章参照）。

【バイオフィルムの誕生と成熟】

現在、バイオフィルムの形成は集中的な研究対象になっている。バイオフィルムは段階を経て形成され、付着段階のあとに成熟段階が続く。

動いている細菌と一つの表面との相互作用は、細菌の性繊毛によって感知される。性繊毛は鞭毛の回転を抑える「メカノセンサー」という感知装置として作用し、それが細胞外多糖の合成と産生を刺激する効果を持っている。それは細菌の一つの極で起こり、その結果細菌と表面との安定的で不可逆的な接着を助長する。こうした経過は、カウロバクター・クレセンタスや植物の病原菌であるアグロバクテリウム・ツメファシエンスの場合に起こる。一つの表面に対するこの反応は、細菌内でサイクリックdi-GMPというシグナル分子を介入させ、この分子がホルモンとして作用する。

細菌の運動性を抑えるもう一つのやり方は、地中の細菌である枯草菌のケースで見られる。この場合、細菌が表面と接触したあとに起こる最初の出来事の一つは糖の添加による鞭毛の変化で、これが鞭毛の回転を抑制する。この細菌の場合、温度やpHなどによる複雑な制御システムがバイオフィルムの形成をもたらす。一度付着すると、細菌は発育して分裂し、バイオフィルムの基質を構成する物質を分泌する。

第7章　細菌相互のコミュニケーション
――化学言語とクオラムセンシング

バイオフィルムやすべての細菌の集合の中では、細菌は相互に連絡を取り合っている。細菌は話し合っているのである。その化学言語は、細菌が環境中に放出する複雑な分子からできている。これらの分子を環境中に放出すると同時に細菌は、細胞表面あるいは細胞質内に分布するセンサーによって自分たちの密度を見積もることができる。こうして細菌は周囲にいる同種菌の数を測定することができるのである。これがクオラムセンシングによって起こることで、環境におけるシグナル伝達分子の集積によって、一つの細菌が近傍の細菌数を感知できるようになる現象である。

自然環境の中ではさまざまな細菌がともに生き、多様なシグナル伝達分子を用いている。細菌の用いる言語には違いがあるので、話が通じない場合もある。しかし、二つ以上の言語を話す細菌もあり、異なるやり方で異なるシグナルに反応し、まったく同一の細菌（姉妹）や近縁の細菌（従姉妹）を認識することができる。事実、あるシグナルは種に特異的であるが、他のシグナルは特異性が低く、多くの細菌の種を含む属に対応している。

クオラムセンシングは何の役に立っているのだろうか。それは、細菌が自身の振る舞いを調整し、

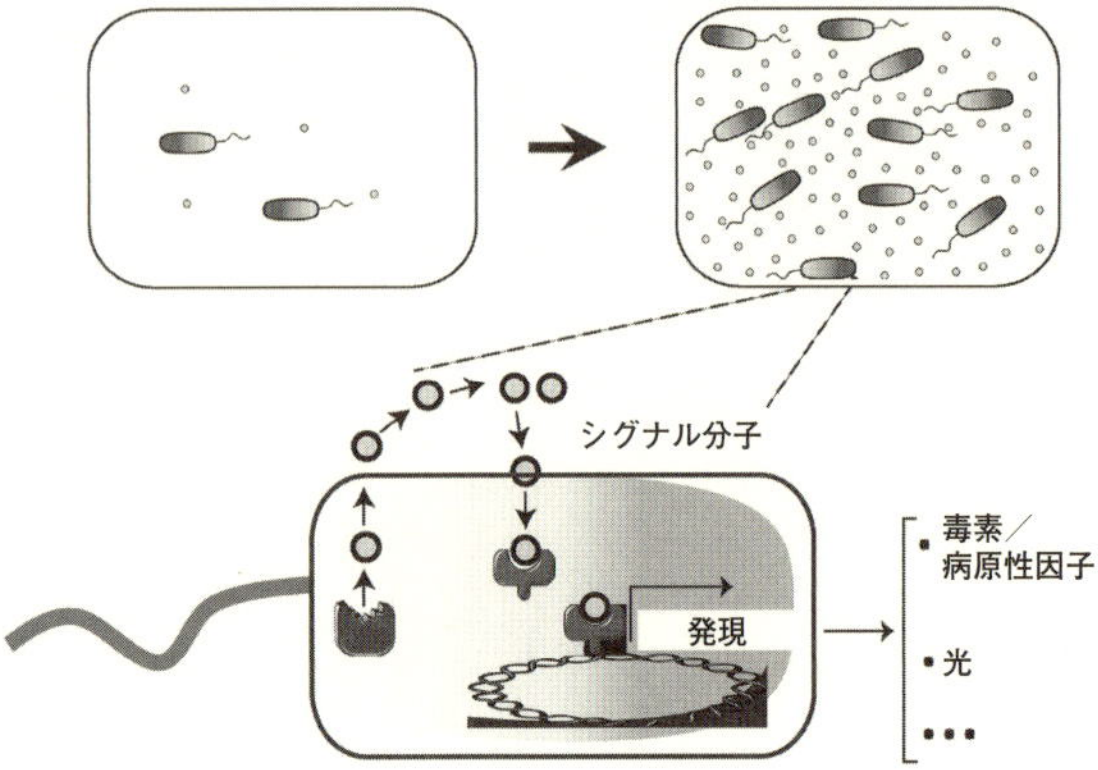

図13　**クオラムセンシング効果の模式図.**　シグナル伝達分子が細菌によって環境に放出され，細菌はそれを受容体によって認識して一連の反応を誘導し，病原性因子や光を発することのできる分子の合成に導く.

あたかも一つの多細胞生物であるかのように行動することを可能にしている。たとえば、病原菌はその密度が宿主の即時反応を阻止するのに十分に高いときにだけ病原性因子を産生して感染を惹起することができ、その結果、確実に成立する見込みのある感染だけを引き起こしている。したがって、細菌は単独ではなく、あたかも多細胞生物の一部であるかのように群れをなして行動しているのである（図13）。

クオラムセンシングは病原菌だけが使っているわけではない。発光する細菌の中には、群れをなしているときにだけそうする細菌がある。事実クオラムセンシングは、生物発光する細菌、とくにイカに生息するビブリオで発見された。このことについては第9章で再度触れたい。

細菌が連絡を取り合うために用いる化学シグナルは、それほど複雑な分子ではない。そのシグナルにはいくつかのタイプがある。細菌代謝の中間産物に由来する「ホモセリンラクトン」のようなかなり単純な分子であったり、ホウ素のようなかなり珍しい化学元素を含むもう少し手の込んだ分子であったりする。グラム陽性菌では、これらの分子は非常に小さなペプチドであることが多く、ふつういくつかの部位で修飾されている。

クオラムセンシングの研究は、細菌、とくに抗生物質耐性菌に対する闘いの中で多くの期待を集めている。もしクオラムセンシングに働きかけることができれば、細菌間の認識と群れをなす行動を阻止することができるからである。たとえば、シュードモナス属菌の相互認識を阻害する分子を見つけることができれば、これらの細菌が病原菌になることを阻害できるだろう。シュードモナス属の緑膿菌が嚢胞性線維症患者にとって最も手ごわい細菌であることを思い出していただきたい。

最近、一つの細菌種が別の種を殺すことができるクオラムセンシング・システムの存在が報告された。より正確には、最初の種が高密度であれば、二つ目の種を自殺に追い込むことができるシステムである。

このシステムは、同類の死を誘導するために細菌が使っている唯一のものでは到底ありえない。次の第8章で他の例を見てみよう。

他方、細菌はシグナル伝達分子を内部に取り込むことができる点に注意することが重要である。また、これらの細菌はときに同種菌に由来する遺伝物質を獲得することがある。これは遺伝子の伝播である。

【感染を妨げるためにクオラムセンシングを遮断する】

下痢の治療にすでに使われているニッスル株のような大腸菌株は、シグナル伝達分子AI－2を産生している。F・デュアンと共同研究者は、そこにコレラ菌の病原性遺伝子の制御を分子的に「攪乱」するもう一つのクオラムセンシング分子CAI－1を発現させることが可能なことを明らかにした。

この大腸菌株で処理後にコレラ菌に感染させたマウスでは、未処理のマウスに比べて生存率が九〇％上がる。この研究は、クオラムセンシングに働きかけることによる感染治療の可能性をよく示している。

【不可避の自殺】

一つの細菌は別の細菌を自殺に追い込むことができる。最初の種が大腸菌の場合、EcEDFという五アミノ酸の小さなペプチドを環境中に放出する。高濃度になると、このペプチドは他の細菌種にストレスを誘発する。その細菌では自身の発する毒素が抗毒素により阻害されることで身が護られているが、ペプチドとの相互作用により誘発されたストレスが抗毒素の破壊を引き起こし、毒素が作用する可能性が生じるため、プログラムされた細胞死に至る。当然のことながら、このシステムは抗生物質に代わる方法として、病原菌との闘いに多くの希望を生み出した。

【遺伝子の伝播――接合、形質転換、ナノチューブの形成】

細菌は遺伝物質、すなわち染色体の断片あるいはプラスミドを交換できる。これは接合である。この現象はDNAが一つの細菌からもう一方に通過する性繊毛のおかげで起こる。耐性遺伝子が拡散したり、「病原性遺伝子島」と呼ばれる病原性遺伝子を持つ大きな断片が細菌から細菌に伝播したりするのは、このタイプの交換によってである。

遺伝物質の伝播は、おもに溶解した細菌に由来する環境中のＤＮＡを取り込むことができる、コンピテントな状態になった細菌の形質転換によっても起こる。

最近では、化合物の交換を可能にする非常に細い膜様チューブであるナノチューブを細菌が形成することも明らかになった。しかし、その構造についてはやや議論が分かれている。

第8章　細菌が殺し合うとき

生物のすべてのドメインにおいて、生存競争と個体間の競争は一定の環境に最も早く最もよく適応したものを必然的に選択する。それが自然選択である。獲得形質の遺伝は進化に寄与し、新しい種の誕生にも導く。チャールズ・ダーウィン（一八〇九―一八八二）は細菌を知らなかったが、細菌の世界もガラパゴス諸島のフィンチ類のように絶えず適応と進化をしている。進化は最もよく適応した細菌を選択する。このようにして抗生物質に耐性のある細菌は現れたし、今も現れ、存在し続けている。バクテリオファージに対する細菌の免疫も、このようにして始動した。いずれの場合も、外部要因が細菌を攻撃するわけだが、細菌は抗生物質に耐性となったり、ファージに対して「予防接種」したりすることにより、かなり速やかに外部要因から身を護ることに成功した。実際には、ウイルスや抗生物質だけが細菌に敵対しているわけではない。細菌は殺菌能力のある他の細菌によっても攻撃されることがある。ブデロビブリオは細菌に侵入し、そこで増殖して細菌を破裂させることができる小さな捕食生物であることをすでに見た。さらに巧妙なメカニズムもある。すでに見たように、あるタイプのクオラムセンシングは、キラー細菌とでも言うべき細菌が放出するペプチドに「反応する」細菌を死に導く。

ある細菌は自らがいる環境中に「バクテリオシン」という名で総称されるいく種類もの特異的な毒素を多数放出し、別の細菌を殺すことが知られている。バクテリオシンを産生する細菌は、自殺や同類殺しを阻害する免疫タンパクで護られている。バクテリオシン以外にも細菌が殺し合うメカニズムがあり、それには実際に攻撃し合う細菌間の接触が必要になる。最近、非常に複雑なシステムが発見されたが、それはⅥ型分泌装置を介する、細菌と細菌の紛れもない闘いへと導くもので、フェンシングを思わせる。

バクテリオシン

バクテリオシンは細菌が環境中に放出するタンパクである。じつはこのタンパクは最も強力な抗菌物質で、多くの種類がある。グラム陰性菌のバクテリオシンについて言えば、ふつうはそれを産生する細菌とかなり近縁の細菌に作用し、活性スペクトルはかなり狭い。バクテリオシンは、それを産生する細菌自身や、同種の別の細菌をバクテリオシンの攻撃から護る免疫タンパクと同時に産生される。バクテリオシンと免疫タンパクをコードする遺伝子に加え、多くの細菌は同じ染色体部位に、細胞壁を破壊してバクテリオシンの放出を可能にする一つの溶解タンパクをコードする遺伝子を持っている。しかし、バクテリオシンを分泌するために、細胞壁を介するこの流出メカニズムを使う細菌はほとんどない。実際には、細菌が溶解してバクテリオシンを放出する。毒素の流出を可能にするトランスポーターも存在する。

　最初のバクテリオシンは一九二五年に発見された。それは大腸菌で同定され、コリシンと呼ばれた。二番目の発見は一九二七年で、これはラクトコッカス属の細菌によって産生され、ナイシンと呼ばれた。ナイシンは食品添加物（E234）や肉のような食品の保存料として日常的に使われている。この物質はリステリア菌に対して非常に効果的である。

細菌と細菌の接触に依存する増殖阻害

　バクテリオシンは細菌によって環境中に輸送されるか、とにかく放出され、その標的は必ずしも近縁とは限らない。一方、一〇年前に発見されたもう一つの現象もまた、特定のニッチや環境のために細菌が競合する過程に関与している。それが「接触依存性増殖阻害」（CDI）システムである。ある細菌は細胞表面上で一種のショーケースの端にCdiA毒素を発現し、それが標的細菌上にあるBamA受容体と相互作用できる。接触の際、CdiAが切断され、その結果CdiA－CT毒素が放出され、標的細菌内に侵入してDNAやRNAを分解するか、あるいは細菌内の構成成分と相互反応して毒素を活性化する。CdiAを産生する細菌内には、CdiA－CTを抑制できるCdiIタンパクが存在する。CDIシステムが唯一のものではないようで、Rhsシステムという他のシステムも同様に機能しているであろう。

VI型分泌装置――攻撃と反撃

細菌が環境中にタンパクを分泌し、ときにタンパクを近くの細菌内に、あるいは病原菌の場合には真核細胞内に直接移動させることを可能にしているメカニズムについては、現在七つあることが知られている。VI型分泌装置は新たに発見されたシステムの一つであり、二〇〇六年にコレラ菌で発見された。このシステムの特徴は、しばしば嚢胞性線維症患者に感染する緑膿菌や、胃潰瘍の原因となるヘリコバクター、そしてヒトに感染する他の多くの細菌のみならず、植物の細菌、たとえばアグロバクテリウムのような病原菌やリゾビウムのような共生菌においても非常によく解析されている。VI型分泌装置は、殺菌性の細菌間相互作用、あるいは混成バイオフィルム内における競合的増殖に関与している。

VI型分泌装置は、細菌内膜に挿入される注射器に似た細胞小器官である。これはペプチドグリカンを貫通し、中空のピストンには収縮性があり、細菌内、あるいは外部にあって隣接する細菌や真核細胞内に入り込む（図14）。さらにこのシステムは「エフェクタータンパク」を注入する。それは、実際には毒素であるか、ペプチドグリカンや細胞膜を分解したり、真核細胞のアクチンを変化させたりする酵素などである。VI型分泌装置は、膜に孔をあけるという単純な作用によって標的となる細菌を殺すことができるように見える。混合培養においては、緑膿菌（シュードモナス・エルギノーザ）は競合するシュードモナス・プチダとこのような方法で闘い、攻撃し、排除することができる。

VI型分泌装置の驚くべき特徴の一つは、しばしば他のVI型分泌装置によって活性化されるように見

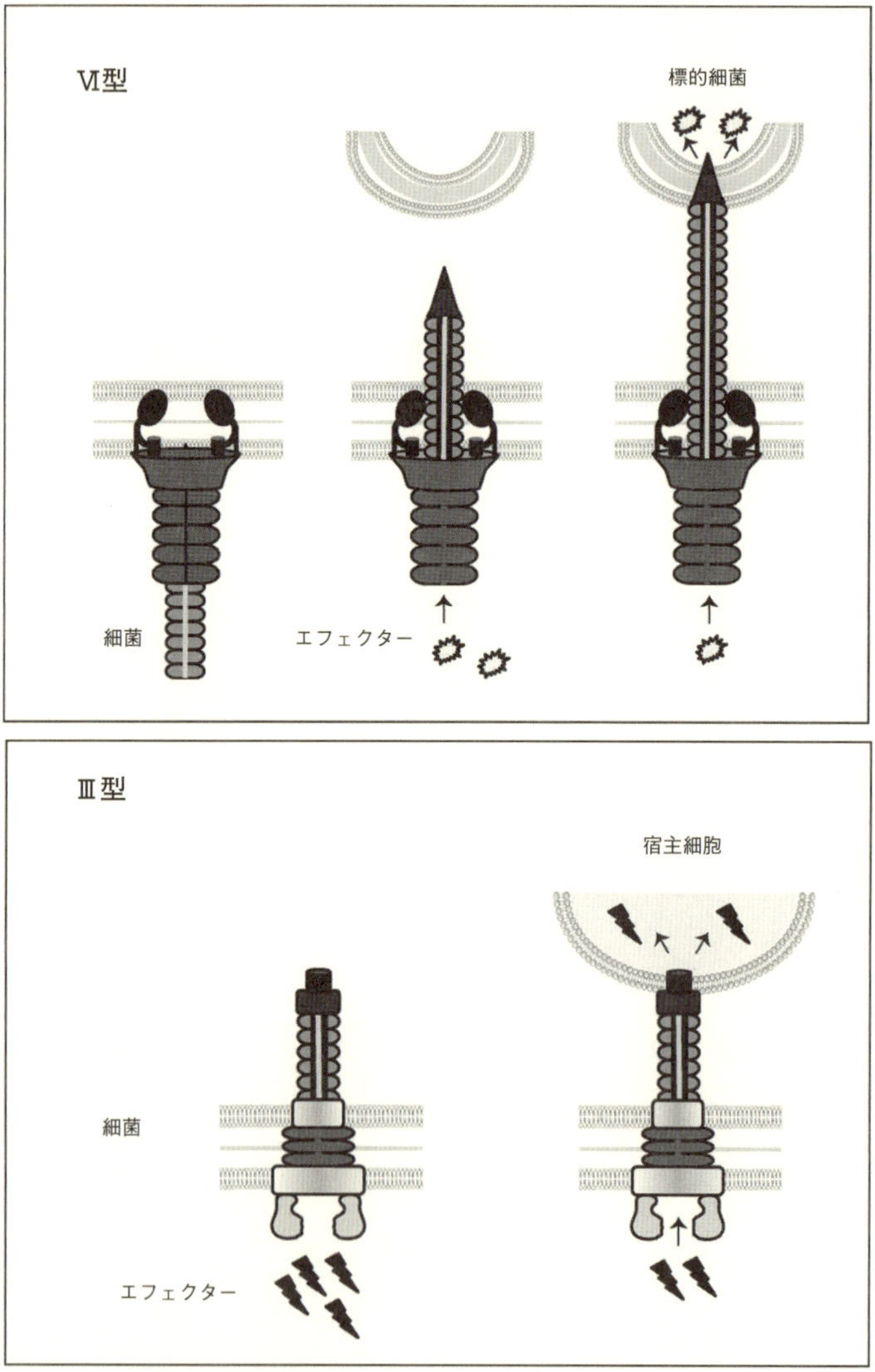

図14　Ⅵ型とⅢ型分泌装置

えることである。この現象は「応報戦略」型の反応で、攻撃された細菌が自身のⅥ型分泌装置によって反撃する。これは生存競争相手のコレラ菌やアシネトバクター（*Acinetobacter baylyi*）と文字通りの決闘を行う緑膿菌の場合に、非常によく証明された。自らのⅥ型分泌装置を活性化するⅥ型分泌装置を敵が持つ場合に、緑膿菌はその敵をよりよく殺すのである。腸内微生物叢のような多数の細菌がいる環境で起こっていることについての研究は、まだそれほど多く報告されていない。しかし、Ⅵ型分泌装置は種々のシステムや複雑な細菌共同体のホメオスタシス（恒常性）に、おそらく関与しているであろう。

【バクテリオシン】

バクテリオシンは細菌を標的とする毒素である。それは一般に、標的の細菌上に存在する受容体に結合する中央の領域、細菌への侵入を助ける領域、そして細菌を殺す領域を持っている。受容体は栄養素の受容体であることが多い。グラム陰性菌のバクテリオシンは、一般に膜に孔をあける能力を持ち、そのヌクレアーゼは標的細菌のＤＮＡやＲＮＡを分解できる。グラム陽性菌のバクテリオシンは標的の細胞壁に拡散するので、グラム陰性菌よりもずっと広い活性スペクトルを持つ。グラム陽性菌、とくに乳酸菌は多彩なバクテリオシンを産生し、次の四つのクラスにまとめられる。すなわち、ランチビオティック、耐熱性低分子ペプチド、溶解あるいは非溶解メカニズムで細菌を殺す熱感受性タンパク、そして環状ペプチドである。これらはすべて、免疫タンパクをともなう古典的なバクテリオシンではない。例外はバチルス・アミロリケファシエンスのリボヌクレアーゼであるバルナーゼの場合で、それに対しては「バルスター」と呼ばれるタンパクが免疫を付与している。

第9章　細菌と動物の共生——微生物叢

現在、文字通りの革命が微生物学の世界を激しく揺さぶり、すべての生物は細菌との共生、より正確には細菌と微生物の共同体との共生に依存していることを見事に、かなり予期せぬ形で明らかにしている。これらの共同体は変動する組成を持ち、無数の役割を演じ、それが生物の生理と病理、とくに胎児の発生の初期段階から生の終わりに至るまでのヒトの生理と病理に根本的な影響を与えている。

古典的な微生物学では、細菌を自然の生態系から分離し、液体あるいは固形培地での単一の純粋培養によって研究していた。しかし古典的な方法で分離、研究できるのは、自然の環境に存在する微生物の一％以下である。二〇世紀の終わりに、一つの生態系に存在するすべての細菌集団を研究するために、環境微生物学者がハイスループットDNAシークエンシングに基づく分子アプローチを用いた。それにより、高等哺乳類も含めた種々の環境に存在する真正細菌とアーキアからなる共同体について、その特徴の解析を始めることが可能になった。今ではこれらの共同体は、多少なりとも長期間の抗生物質治療の前後、そして異なる食事制限をしたすべての人種、年齢、国の男女で解析されている。これはまったく新しい微生物学が始まっていることを示し、共生があらゆるところに存在し、生物、とくにこれらの細菌を宿している組織ごとに必須となる種々の栄養素をもたらしていることを明らかにしている。これらの共生は他の多くの機能にも関与している。たとえば、病原菌から攻撃を受けた際に大きな役割を担う。

一つの環境に存在する微生物種の集合を「マイクロバイオータ（微生物叢）」、微生物の組成を正確に考慮することなく、この微生物叢に存在する遺伝子の集合を指すときには「マイクロバイオーム」と呼ぶ。一つの微生物叢とその全遺伝子が、微生物を宿している生物にとってしばしば有益である無数の成分を産生する。そのことを認識しておくことは重要である。

ダンゴイカ（ユープリムナ・スコロペス）と細菌（ビブリオ・フィシェリ）のパラダイム

この小さなイカは太平洋の浅瀬に生息している。日中は砂の中に隠れ、夜になると栄養としている小さなエビを追う。月明かりのある夜に砂上の影を認識する捕食生物から身を護るために、このイカは自身の体内に宿している発光性細菌を利用している。発光性細菌のビブリオ・フィシェリが詰まった臓器を持っていて、その細菌が発する光がイカの体の下に照射されることで、イカの影を認識する捕食動物を欺いているのである。イカが砂中に戻る明け方には、すべての細菌はポケットから排出される。残存した細菌はポケット内のイカ由来の成分で栄養を摂り、一二時間の間増殖を再開する。

最近、研究者たちは細菌あるいは細菌の発する光がイカの概日リズム（二四時間毎に同一機能と作用の反復を制御する体内時計）にも影響を与えているかどうかを問うた。合衆国のマーガレット・マクフォール・ナイのグループは、概日リズムに関与することが知られているクリプトクロムのような遺伝子を制御しているイカの*escry1*遺伝子がこれらの細菌の存在下で活性化し、非存在下では活性化しないことを明らかにした。同様に、細菌は存在するが光を発しない場合、*escry1*遺伝子は適切な波長でイカに光を当てたときにだけ活性化される。

この驚くべき結果は、細菌が宿主となる動物の生物リズムを制御していることを示している。ヒトも*escry1*遺伝子に類似の遺伝子を持っているが、細菌がこの遺伝子を調節しているのかどうかはまだわからない。おそらく、自然はビブリオとイカの組み合わせのように単純で目につくもの以外にも数え切れない共生に富んでいるだろう。以下のページで、ヒトと動物における数多くの、必須ではないが有益な共生について論じたい。それから、共生が植物にも存在すること、昆虫でよく研究されたが他の動物にも影響を与える「細胞内共生」が存在することを見てみたい。

腸内微生物叢

すでに数年前から、ヒトは自身の体を構成する細胞数の一〇倍になる10^{14}の共生菌を宿しているという記述をいたるところで見かける。しかし、最近の論文はこの評価を再検討し、その数はヒトの細胞とほぼ同数であると結論したが、多いことに変わりはない。これらの微生物叢は体のさまざまな場所に存在する。腸内微生物叢は最も研究されたものの一つで、この分野の一つのパラダイムとなった。

しかし、他にも皮膚、膣内、口腔・咽頭腔の微生物叢がある。

最近、メタジェノミクス*のおかげで、腸内微生物叢に関する知識は他の臓器や組織の微生物叢にくらべて著しい進歩を見せた。この技術により、存在する種とその遺伝子を非常に正確に調べることが可能になり、それまでできるかぎり嫌気状態で行われた糞便の培養から得られた知識（それは嫌気状態で増殖できる細菌の同定に限られていた）を激変させることになった。

現在使われている技術が、16SリボソームRNAをコードするDNA領域の増幅後のシークエンシング、あるいは試料中に存在するすべてのDNA断片の完全なシークエンシングに基づいていることを理解することは重要である。これらの研究によって、腸内微生物叢はおもに五つの大きな細菌グループを含んでいることが明らかになった。すなわち、大部分はクロストリジウム属とラクトバシラス属であるフィルミクテス門（六〇～八〇％）、バクテロイデス門（二〇～四〇％）、放線菌門とプロテオバクテリア門である。また、粘液を分解できる細菌アッケルマンシアのようなウェルコミクロビウム門も含まれている。実際には、腸の細胞は大量の粘液層で護られており、微生物叢は腸細胞と直接接触しているわけではない。

当然のことながら、最初に微生物叢の構成が解明されたあと、非常に多くの問題が提出された。すなわち、微生物叢の組成はすべての個体で同じなのか。それは一生の間に変化するのか。その組成を変化させている因子は何なのか。そしてとくに、この微生物叢は何の役に立っているのか。こうした問いをここでは取り上げてみたいが、その答えは研究室から今まさに出されつつあるところである。

種々の化合物を生み出す腸内微生物叢

かなり以前から、消化管の細菌は消化に関与していることが知られている。腸の細菌は、この消化の最終局面に関与している。腸内微生物叢の細菌が分泌する酵素は、食物を分解し、糖の加水分解および植物性残渣の発酵に寄与する。この発酵によって、植物性残渣は結腸の上皮細胞が吸収可能な状態になる。これらの炭水化物が変化した生成物は、とくにコハク酸と乳酸のような有機酸、および酢酸塩、プロピオン酸塩、酪酸塩のような短鎖脂肪酸で、重要なエネルギー源になっている。これらは病原菌の病原性因子を制御することによって病原菌によるコロニー形成に影響を与えている。また、感染過程の他の段階にも影響を及ぼしていることが現在明らかになっているようである。これらの脂肪酸は、その様式はまだよくわかっていないものの、腸の細胞にエピジェネティックな痕跡を残すこ**とが確認されている。しかし、それがもたらす結果は依然として曖昧である。もちろん、細菌はヒトに非常に有益なビタミンB、Kのような多くの代謝産物も合成している。

＊メタジェノミクスとは、一つの微生物叢を構成するさまざまな生物を分離することなく、そこに存在するすべての生物のDNAシークエンシングを可能にする技術のことである。

＊＊DNAの配列に影響を与えることのないDNAの修飾のことをエピジェネティックな痕跡という。

一生における腸内微生物叢の変化

子宮内では腸は無菌である。細菌によるコロニー形成が始まるのは生まれたときである。多くの因子が子供の微生物叢の構成と豊かさに影響を与えることになる。たとえば、自然分娩か帝王切開か（母親の膣内微生物叢が子供の微生物叢に影響を与える）、そしてとくに子供の最初の二年間の栄養摂取（母乳か、そうでないか）がある。一方、微生物叢は子供の免疫系の成熟や脳の発達に影響を与える。最も目覚ましい最近の研究成果は、腸内微生物叢と脳の発達との関係、すなわち成人期の個体の行動に対する微生物叢の影響に関するものである。マウスで行われた研究によれば、微生物叢は不安感と身体活動に影響を与えているらしい。腸は「第二の脳」と考えられ始めている。

非常に多様性のある微生物叢は健康のしるしである一方、多様性のない微生物叢は栄養不良や病気の兆候である。多様性とは何を意味しているのだろうか。それはどのような細菌の集合なのだろうか。最近この領域に強い影響を与えた概念の一つは、一三人の日本人と四人のアメリカ人と二二人のヨーロッパ人、合計六国籍三九人のメタゲノム解析に基づいている。この解析が「エンテロタイプ」の定義に導いた。それは微生物叢のタイプのことであるが、国や大陸とは無関係であることが判明した。エンテロタイプ1はバクテロイデス属に富み、エンテロタイプ2はプレボテラ属とデスルフォビブリオ属に富んでいる。最も頻度の高いエンテロタイプ3はルミノコッカス属とアッケルマンシア属に富んでいるが、この二つの属は腸上皮細胞表面に存在する多糖の集合である粘液を分解できる。最初、このエンテロタイプという概念は非常に魅力的に見えたが、その後あまりにも柔軟性を欠くように見えるようになった。微生物叢における細菌の分布は、むしろ絶えず変化する一つの性質、すなわち異なる微生物叢の連続として理解されるべきものである。エンテロタイプの概念を決定的に否定するごく最近の研究は、健康な一個人の一年間にわたる解析に基づいている。この解析は微生物叢がいくつかのエンテロタイプの間で変化したことを示し、そうしたエンテロタイプはすでに提唱されたものとは対応せず、むしろ微生物叢の連続的な変化として見るべきであるとの結論に至った。

それでも、微生物叢は比較的安定しているのだろうか。最初の数年で獲得された微生物叢は個人を特徴づけるのだろうか。そのように見える。微生物叢は個人にあまりにもよく適応しているので、抗生物質の治療後でさえ、一時的に多様性を欠いた微生物叢は元に回復する。これは細菌のレジリアンスである。さらに、最近の研究は、優勢な共生菌が高度の炎症に関連する抗微生物ペプチドに抵抗性があり、それは多くのグラム陰性菌の細胞壁に存在する分子である多糖の修飾によることを明らかにしている。

したがって、微生物叢は新しい身分証明書のようなものになるだろう。腸内に存在する大部分の細菌は数十年の間そこに落ち着いており、微生物叢の安定性は個人の体重の安定性と関連していることも明らかになった。しかし、微生物叢は一生の間に変化する。食事によって変化し——したがって、地球上の地域によって非常に異なる——、年齢によっても変化する。微生物叢は年齢にともない多様性が減少し、個体差が増す。他方、クローン病や潰瘍性大腸炎のような腸の炎症性疾患患者にくわえ、肥満の人の集団では微生物叢は非常に変質している。

肥満と代謝

肥満は微生物叢との関連で多くの研究の対象になった。ほぼ一〇年前、セントルイスのワシントン大学のジェフリー・ゴードン率いるグループが、肥満マウスにおける微生物叢の組成は正常マウスと同じではなく、そこに見られる各細菌グループの割合が劇的に異なること、具体的には、肥満マウスにおいてフィルミクテス門の増加とバクテロイデス門の著しい減少が見られることを示した。肥満マウスは食事のエネルギーをより効果的に体重に変換させる微生物叢を持っていると考えられる。これらの研究は、微生物叢の組成に働きかけることが肥満に対する新しい治療の基礎になる可能性を提示した。家畜の成長を促進するために、食餌の添加物としていまだに抗生物質を使用している国があるという事実と、これらの成果は比較されるべきである。抗生物質入りの餌を与えられた動物の微生物叢は著しく変化し、栄養素がより効率的に利用されているのかもしれない。こうしたことは、まだ詳細に研究されていない。

肥満については、一方が肥満で他方が肥満ではない双生児の組み合わせで興味深い研究が行われた。それぞれの糞便がマウスを飼育するために使われた。するとマウスの微生物叢は変化し、双子のうち肥満の方の微生物叢を摂取したマウスでは、フィルミクテス門の増加をともなう肥満マウスの微生物叢に近くなった。この微生物叢は体重と脂肪量の増加をもたらした。マウスは食糞であることが知られている。肥満マウスを痩せているマウスと飼育すると、しばらくしてマウスの体重は均衡に向かい、痩せたマウスの微生物叢のバクテロイデス門が肥満マウスに侵入して肥満マウスは痩せてくる。

安定した腸内微生物叢の獲得は、マウスでは生後すぐの時期に行われることが最近の研究で確認されたばかりである。この研究はまた、生後すぐの時期に少量であってもペニシリンで処理されると、肥満あるいは肥満素因に導く安定した代謝性変化を誘発し、免疫に関与する遺伝子に影響を与えることがあることを示した。疫学データは、この事実がヒトでも当てはまることを示している。カルボキシメチルセルロースやポリソルベート80のような食品用乳化剤が軽度の炎症と肥満あるいはメタボリックシンドロームを引き起こし、これらの効果が微生物叢の組成の変化によることを、重要な研究が明らかにしたところである。

微生物叢と免疫系の刺激

共生菌はよそ者として認識されず、細菌を破壊する免疫応答を誘導しない。腸の粘膜固有層のマクロファージと樹状細胞は病原菌には反応するが、共生菌を構成する成分には反応しない。つまり、それらを「見て」いないのである。しかし、共生菌の存在によって病原菌に対する免疫応答は強化される。それはあたかも細胞を刺激する共生菌の存在によって、細胞は警戒し、反応する準備ができているかのようである。

事実、微生物叢の存在は軽度の生理的な炎症を惹起する。それは抗微生物ペプチド（C型レクチン、REG３－γとREG３－β、α－ディフェンシン）の産生、およびリンパ組織の成熟となって表れるが、リンパ組織が成熟するのは、細菌の粘膜内侵入を阻害する抗体の産生細胞が刺激されるからである。

そしてとくに、微生物叢はT細胞が向炎症性のT細胞Th17へ成熟することを促している。

この最後の点については、大腸菌に近いマウスの病原体であるシトロバクターに対する感受性が異なるマウスの微生物叢を比較することによって、Th17細胞の生成を担っているのは、クロストリジウム属に近く芽胞を形成するフィラメント状の偏性嫌気性菌であるセグメント細菌(*Candidatus Arthromitus*)であることが判明した。この細菌はごく最近まで培養できなかったが、現在では細胞とともに培養すれば可能である。したがって、生理的炎症の刺激におけるこの共生菌の役割を理解する道が開けたことになる。

微生物叢、病原菌、そしてディスバイオーシス

抗生物質処理後であれ微生物叢がまったくない場合であれ、腸内微生物叢を欠くマウスを使用することにより、これらのマウスの感染に対する感受性は通常のマウスに比べてずっと高いことが明らかになっている。腸内微生物叢は免疫系を刺激して病原菌の攻撃から粘膜を護っている。また、腸内微生物叢によるこうした防御は、病原菌が達することのできないニッチを共生菌が占拠していること、共生菌が抗生物質やバクテリオシンのような抗菌物質を産生できること、さらに侵略者に活性を示す溶菌性バクテリオファージを放出できるという事実に起因している。他方、これらの細菌は病原菌と栄養素を奪い合うことになる。

厚い粘液層が腸上皮を覆っているため、病原菌は上皮細胞に接着する前にその層を通り抜けなけれ

ばならない。この粘液層もまた、腸内微生物叢に依存している。事実、腸内微生物叢を完全に欠いている無菌マウスの粘液層は、通常のマウスに比較してずっと薄い。細菌の特定の構成要素を投与すると粘液形成が復元するので、粘液形成は細菌の構成要素とこの構成要素に対する宿主の反応に依存していることになる。

ある細菌は他のものに比して、より強く腸の障壁機能の強化に関与しているようである。たとえば、ビフィズス菌のビフィドバクテリウム・ロングムは、ペプチドを分泌して腸の透過性を制御すると同様に、短鎖脂肪酸を分泌して宿主の腸の防御を増強している。

腸内微生物叢はさまざまなやり方で病原菌の攻撃から腸組織を防御しているが、なかには感染を促進する細菌もあることが明らかになった。マウスの共生菌バクテロイデス・テタイオタオミクロンは、感染に対して非常に重要な効果を持つコハク酸の産生を誘導することが最近判明した。シトロバクター・ローデンチウムによる腸の感染の場合、バクテロイデスの存在下で感染が促進されるが、それは微生物叢が腸の感染に影響を及ぼしていることを示すものである。何度も腸炎に罹る人もいるが、まったく罹らない人もいることが知られている。別の研究によると、バクテロイデス・テタイオタオミクロンが産生するコハク酸をクロストリジウム・ディフィシルが利用すると、ソルビトールのような炭水化物を発酵してコハク酸を酪酸に変換できるようになることが明らかになった。その結果、クロストリジウム・ディフィシルの増殖を強化し、コロニー形成を促進することになる。

ディスバイオーシスと糞便移植

ディスバイオーシス――細菌の属の割合が変化することによる微生物叢の不均衡――は、単に病原菌の増殖を起こすだけではない。環境中に競合相手が減ると、普段はほとんど病原性を示さない細菌がたとえば本来は共生菌が利用する栄養素を摂取するなどして増殖することが次第に知られるようになっている。ディスバイオーシスは感染の持続を助長し、それによって感染を拡大している。抗生物質に対する耐性が増大する一方で、新しい抗生物質の発見は稀であるという状況において、感染の経過とその結果としての伝播に対する均衡のとれた微生物叢の役割を考えると、健康な微生物叢の再構築による治療、あるいはそれを狙った治療に明るい未来が約束されているように見える。このような戦略はすでに採用され、クロストリジウム・ディフィシルの反復感染を起こした患者に、健康なドナーの微生物叢が移植された。その成功率はバンコマイシン単独治療よりもずっと高かった。もちろん、適合しない微生物叢の移植の危険性がまったくないわけではない。そこで、正常な微生物叢に存在するどの種がクロストリジウム・ディフィシルのような細菌の増殖を阻害するのかが問われた。別々の抗生物質で処理した複数のマウスをクロストリジウム・ディフィシルに感染させたところ、あるマウスは抵抗性を示した。そのマウスの微生物叢中には、胆汁を分解して、クロストリジウム・ディフィシル感染を阻害する代謝産物を提供できるクロストリジウム・シンデンスがあった。これによって、微生物叢中にクロストリジウム・シンデンスや胆汁酸を増やすことが、糞便移植の効果を上げる手段になりうると結論された。

食事と微生物叢

ヒトにおける最近の実験により、腸内微生物叢が食事の違いに速やかに反応することが判明した。さまざまな食生活が可能なのはそのおかげである。おもに肉、卵、チーズからなる動物性の食事と、穀物、果物、野菜に富む植物性の食事の二種類を、ボランティアの成人男女に五日間連続で与えた。その結果、動物性の食事は胆汁に耐性のある細菌（アリスティペス、ビロフィラ、バクテロイデス）の比率を増加させ、植物の多糖を代謝するフィルミクテス（ロゼブリア、ユウバクテリウム・レクターレ、ルミノコッカス・ブロミイ）のレベルを減少させた。事実、微生物の分布は草食動物と肉食動物の間に見られる差に近い。別の研究により、食事が原因の微生物叢の変化が、老化にともなう体調不良に一定の役割を果たしていることも明らかになった。

概日リズムと微生物叢

概日リズムは消化器系の機能の制御、とくに栄養素の吸収、細胞増殖、運動性、代謝活性に重要な役割を果たしていることが知られている。多くの夜間労働者は腸の問題などを訴える。しかし、腸のバランスもまた微生物叢に依存していることがわかっている。最近の研究によれば、腸のホメオスタシス調節に関与する微生物叢を概日時計が制御している。なぜなら、前述した生理的炎症（八三〜四ページ」の原因となるトル様受容体が概日リズムによって調節されているからである。事実、概日リズムの撹乱、あるいは抗生物質による治療や炎症などで引き起こされた腸内ディスバイオーシスは、肥満や慢性炎症性疾患を含むメタボリックシンドロームと同様の問題と関連しているのである。

最近のいくつかの研究によれば、概日リズムと食事のリズムがマイクロバイオームを著しく変化させ、それによって腸内微生物叢の組成が変化すると、代謝障害あるいは炎症性疾患を起こすことがある。

これらすべてのデータは、微生物叢の組成と役割についての解析は概日リズムの結果に照らして再評価されなければならないということを偶然にも明らかにした。試料の採取時間や食事の摂取時間は、腸内微生物叢に関する研究において考慮すべききわめて重要なパラメーターになるのである。

皮膚の微生物叢

皮膚は一・八m^2の面積を持つ、体中で最大の臓器である。それは外部の病原体の侵入を妨害する物理的障壁である。そこには一cm^2あたり約一〇〇万の細菌が存在している。したがって、我々は体表に大体一〇〇億の細菌を持っている。しかし、皮膚の異なる場所は、すべてが同一のpH、体温、湿度、皮脂の内容を持ち、局所の状態が同一であるわけではない。細菌にとって、皮膚は腸ほど快適ではないし、栄養も多くない。しかし、皮膚には非常に複雑な免疫監視機能が具わっており、それは真皮と表皮に多数存在している上皮細胞、リンパ球、抗原提示細胞の豊かなネットワークの連携作用の結果である。腸で起こることとは異なり、皮膚の微生物は免疫系の確立には役割を担っていないようである。その代わり、この微生物叢は、病原体特異的ではない即時的な反応である自然免疫の多くの因子の発現を制御している。その因子は、たとえば皮膚の抗微生物ペプチドのようなもので、おもにカテリシジンとβ－ディフェンシンである。

皮膚の微生物叢は補体のような他の防御様式の発現も増強する。補体は、病原体のオプソニン化（二つの分子が標的細胞の膜を覆うメカニズム）や病原体の除去を促進する炎症性反応の誘導に介在する。皮膚の微生物叢は、免疫応答に関与するサイトカイン（小さなタンパク）であるインターロイキン１の発現も増強する。腸内微生物叢の場合と同様に、皮膚の微生物叢は炎症性疾患にも間違いなく関連している。こうした慢性疾患として、乾癬、アトピー性皮膚炎（湿疹）、ニキビが知られている。アトピー性皮膚炎はしばしば黄色ブドウ球菌と関連づけられるが、皮膚の微生物叢の役割はまだよく研究されていない。先進国では、アトピー性皮膚炎の有病率が二倍以上になった。レンサ球菌が原因とされる乾癬もあるが、ニキビと同様、ここでもまた微生物叢の解析が進められなければならない。ニキビはアクネ菌によるとされてきたが、この細菌はニキビ患者と同様にそうでない人の皮膚でも優勢なのである。健康な人においては共生菌として振る舞うが、病原菌にもなりうるということかもしれない。これらすべてのデータは、微生物叢の役割に関する現在の発見に照らして再検討されなければならない。

膣内微生物叢

膣内には生まれたときに細菌はいないが、その後膣内微生物叢は、四つのラクトバチルス菌で構成される。ラクトバチルス菌により産生される乳酸のため、膣内環境は酸性である。この微生物叢の組成は思春期に変化する。生殖能力におけるこの微生物叢の役割を特定するために多くの研究が始まっている。

シロアリとその腸内微生物叢

シロアリの例はとくに興味深い。シロアリは、木のセルロースとリグノセルロースを消化する。そして、熱帯土壌とアフリカのサバンナの「昆虫」バイオマスの九五%を占めている。三〇〇〇種のシロアリがいるが、じつは木の構造に問題を起こすものは非常に少ない。しかしながら、熱帯地域の農業への経済的影響は計り知れない。実際に、木に損害を与えるシロアリは、炭素の循環において重要な位置を占めている。この性質はおもに真正細菌、アーキア（数は真正細菌の一〇〇分の一）、そして原生生物である鞭毛虫からなる腸内微生物叢に起因する。鞭毛虫は植物の繊維を分解し、その産物を酢酸塩とメタンに発酵する。その中間産物である水素は、ハイドロジェノソームと呼ばれる鞭毛虫の細胞内小器官内に保存される。メタンはメタノブレビバクターのようなメタン産生アーキアによって産生される。シロアリにおけるセルロースの分解は、宿主と微生物叢の相乗作用によって行われる。さらに、腸内微生物叢はシロアリの栄養素となる多くの成分を合成する。土壌中で栄養を摂るシロアリ種の腸内における腐植土成分の鉱化作用は、窒素循環に寄与している。バイオリアクターとしてのシロアリの腸の驚くべき効率は、微生物によるリグノセルロース分解の工業利用とバイオ燃料生産の有望なモデルになっている。しかし、関与している多くのパラメーターとメカニズムはよく知られておらず、解明が待たれる。メタジェノミクスとメタトランスクリプトミクスの技術*はこれらの研究を容易にするだろうが、ヒトの場合と同様に、シロアリの微生物叢の場合も多くの微生物は試験管内での培養が不可能で、それが現象の理解にとって大きな障害として残る。

微生物叢の組成、シグナル分子とクオラムセンシング

先に指摘したように、細菌は細菌間のコミュニケーション、相互認識、細菌密度の評価のための言語として使うシグナル分子を産生する。抗生物質で処理したマウスでは、フィルミクテス門の細菌が減少するが、すべての種の相互認識を可能にするAI－2分子を過剰産生する大腸菌を腸内に導入すると、フィルミクテスの割合が回復する。このことは、抗生物質治療の際、「有益な」フィルミクテスに富む微生物叢を回復するために、一つのクオラムセンシング分子を当てにできることを示唆して

*メタジェノミクスについては、七九ページの傍注を参照。メタトランスクリプトミクスは、前もって細菌を分離することなく行われるRNA転写産物の解析である。

いる。

微生物叢と長寿――ハエにおける研究

微生物叢の組成が長寿に関して果たす役割を理解するために、ショウジョウバエにおける微生物叢の研究が進行中である。我々の腸内微生物叢の組成をコントロールすることで寿命を延長することは十分に考えられる。明確な結果は得られていないが、現在のすべてのデータは健康が多様な微生物叢と関係していることを示しており、この微生物叢の多様化は多様な食生活を介して起こると結論するのは難しいことではない。

【腸内におけるセグメント細菌】

二つの独立した研究により、クロストリジウム科のフィラメント状細菌であるセグメント細菌が腸の粘膜固有層内でTh17細胞の分化を誘導し、その細胞が今度はインターロイキン17、22という向炎症性サイトカインを分泌することが明らかになった。インターロイキン22は抗微生物タンパクの産生を誘導するので、セグメント細菌を投与されたマウスはシトロバクター・ローデンチウム（マウスにおける腸管病原性大腸菌にあたる）による感染に対してより抵抗性を示す。

現在まで実験室では培養不能と考えられていたセグメント細菌の培養が最近改良されたことで、セグメント細菌による免疫系B細胞の刺激様式に関する研究がかなり進歩することは間違いないだろう。

第10章　細菌と植物の共生――植物の微生物叢

植物も細菌の共同体を宿している。その組成は植物の部位と器官によって異なっているが、アクチノバクテリア、バクテロイデス、フィルミクテス、プロテオバクテリアといういくつかの細菌の門に限定されているようである。根の微生物叢は周囲の土壌の微生物叢に由来するが、植物由来の因子にも依存している。葉の表面に存在する細菌の集合についても同様で、そこの基質に依存している。葉の微生物叢のように、根の微生物叢も植物を病原体から護っている。しかし根の微生物叢は、植物のために土壌中に存在する栄養を獲得することにより、他の役割も果たしている。したがって植物の微生物叢は、植物の成長と健康のために重要な共生の一形態に関与しているようで、植物が非常に多様な環境に適応することを可能にしている。

過去二〇～三〇年の研究は、植物と細菌という二者間の相互作用に集中していた。一方では植物の病気、とくにさまざまな細菌の病原性因子と宿主の免疫応答を刺激する分子メカニズムを、他方では根粒〔細菌との共生によって植物の根に生じるこぶ状の部分〕を形成する窒素固定細菌とマメ科植物との共生関係をおもに解析した。この二つのケースでは、寄生性あるいは共生性の相互作用が肉眼で見える症状あるいは構造に結びつくが、それは生物間関係の連続性の中の極端な場合で、現在集中的な研究の対象となっている。じつは最近の研究によって、健康な植物が驚くほど多様な微生物を宿していることが明らかになっている。これらの微生物の集合は、種々の体内微生物叢とともに一つの超個体となっているヒトの場合と同様、植物をも「超植物」にした。この研究は拡大中で、現在のところおもに根と葉に集中している。

微生物と根――アンダーグラウンド

土壌は地球の最も豊かな生態系の一つである。とはいえ、土壌の生物群系（バイオーム）の多様性はいくつかの門に整理することができる。アシドバクテリウム門、アクチノバクテリア門、バクテロイデス門、クロロフレクサス門、フィルミクテス門、プロテオバクテリア門がそれである。根を取り囲む環境である根圏であれ、根の内部環境であるエンドスフィアであれ、この二つの空間には土壌の細菌が存在している。その組成はもちろん異なっており、土壌に由来する因子と植物に由来する因子が、根の近傍あるいは根の中の細菌性微生物叢を調整していることを示している。

根の表面に位置する植物細胞が根の表皮（rhizodermis）を構成している。これらの細胞は有機酸、無機イオン、フィトシデロフォア、糖、ビタミン、アミノ酸、プリン、ヌクレオシド、多糖など、根やその近傍の環境への細菌の沈着（deposition）に関与する多彩な成分を分泌する。これが「リゾデポジション」（rhizodeposition）である。これらの細胞の中には落屑《らくせつ》するものの生きたままで細菌を引き付けるものがある。根に引き寄せられる細菌の中には、トマトのシュードモナス・フルオレッセンスのように植物の成長を助けるものだけではなく、根から植物に侵入する病原体も見られる。たとえば、青枯病菌は、多様なアミノ酸、有機酸、それから青枯病菌が好むトマトが分泌する滲出液に引き寄せられる。浸滲液を感知する能力を失ったこの細菌の変異体、あるいは走化性の変異菌には病原性はない。もちろん、これらの情報は自然の微生物叢の存在下で得られたものではないので、技術が可能になったとき、先に挙げた細菌と土壌の微生物叢が存在するなかで、さらに細かく解析する必要があるだろう。土壌は微生物の組成によって、根から始まる病気を助長したりしなかったりする。そして、病原体との競合状態になった根圏の微生物叢は、土壌の組成に応じて変化する。したがって、ある土壌は他の土壌よりも病気に有利に働く。しかし、最終的に根圏の組成を制御し、それによって植物の疾病感受性を制御しているのは、植物の根なのである。

一万年前から、ヒトは食料の需要と嗜好のために植物を栽培している。これによって、しばしば現在の条件よりも過酷な条件にさらされていた野生植物にくらべ、栽培植物の微生物叢は変化をこうむったろう。

窒素の固定——任意共生の一例

共生とは、パートナーとなる二者のそれぞれにとって有益な共棲のことである。共生は必須であることも、任意のこともある。最も多くの場合、共生は任意で、二つのパートナーの一方が他方なしで済ませることができる。しかし、必須共生も存在し、それは進化の過程で確立され、とくに昆虫では一般的である。

植物においては、必須共生はかなり稀である。たとえばアカネ科の植物は、いくつかの遺伝子を失い、他のバークホルデリア属よりゲノムサイズの小さいバークホルデリア属の株と共生している。これらの細菌を失うと、植物は成熟できない。

植物と細菌の、よく知られた最も実り多い共棲は、リゾビウム属〔根粒菌〕とマメ科植物との任意共生で、根粒中にいる細菌が窒素をアンモニウムへ変換〔窒素固定〕し、植物の成長を非常に有効に助長している。細菌は空気中の窒素をアンモニウムに変換し、炭素とエネルギー源を植物からもらう代わりに植物の窒素ニーズを満たすことができるのである。大部分の土壌は窒素に乏しく、肥料の広範な使用を必要とするので、窒素の固定は農学的にも経済的にも非常に重要になる。リゾビウム属とマメ科植物の相互作用は、植物と共生生物との間に拡散するシグナルの相互認識を活用している。

葉圏の細菌共同体

葉圏の大部分は緑葉からなっている。そこで優勢な微生物は、アーキアや真菌ではなく真正細菌である。これらの細菌は温度、湿度、紫外線照射が頻繁に変化する環境にあり、豊富な栄養素にはありつけない。これらの細菌は炭素循環と窒素循環に関与し、植物を病原体から護っている。

腸内微生物叢や根圏と同様、葉圏を構成する細菌のグループは、アクチノバクテリア、バクテロイデス、フィルミクテス、そして最も多い細菌であるプロテオバクテリアに限られている。細菌が由来するのは大気とエアロゾル粒子であるが、大気の細菌密度は土壌に比してずっと低い。葉圏の細菌を決めている因子を特定するための研究はあまりにも少ない。

細菌と植物の成長

大気中の窒素を根粒に固定することに加え、細菌は植物に吸収されるようにリン酸塩を溶解することもできる。細菌は成長と発達を刺激する植物ホルモンも産生できる。たとえば、植物の成長と発達の異なる局面に関与するオーキシンである。細菌と植物の直接接触は必ずしも必要ではない。特定の微生物は揮発性の有機成分を放出するからである。最もよく記録されている例の一つに枯草菌があり、3－ヒドロキシ－2－ブタノンと植物の成長を促進する2、3－ブタンジオールを産生する。

動物やヒトの腸と同様に、植物の根は細菌の成長にとって重要な場所である。そこに存在する微生物叢は単に栄養素の獲得を制御しているだけではなく、病原体の侵入から植物を護っている。さまざまな微生物叢、土壌の組成と植物の反応との間の相互作用を理解するには何年も要するだろうが、こうした情報は環境のバランスの維持、二一世紀の農業の改良、その結果としての我々の食料の質の改善のために決定的に重要となるだろう。

【窒素固定と根粒形成】

アルファルファ根粒菌のような細菌は、植物が成長に必要な窒素を有効に固定できるようにする共生を確立する。根粒の構造は、窒素固定に適したほぼ嫌気性の条件を提供する。

窒素固定を行う細菌はバクテロイデスで、根粒の細胞内のシンビオソームと呼ばれる構造中に生息する。根粒が成長する間、細菌の生理は宿主細胞内の環境と細胞内共生生活に適応する。少量の酸素は、窒素固定と変化した細胞代謝に関与する遺伝子を活性化する。バクテロイデスの形態と生理は宿主に応じて大きく変わる。あるマメ科植物ではバクテロイデスの形態と生理は可逆的であるが、他の植物では細菌の分化過程は不可逆的になる。

窒素固定は酸素に感受性のある酵素ニトロゲナーゼによって行われる。それは中心にモリブデンと鉄を含む四量体である。この酵素は細菌によって産生されるが、鉄モリブデン補因子の構成要素であるホモクエン酸は宿主細胞に由来する。それは、ホモクエン酸合成酵素が根粒菌の大部分の種には存在しないからである。この相補性は、窒素固定の際の植物と細菌の間の不可欠な協調を明らかにしている。

豊かな土壌内では、植物と細菌はそれぞれが独立した生を営んでいる。しかし、窒素レベルが限られてくると植物と細菌の共同作用が始まり、リゾビウム属は植物から滲出するフラボノイドの効果によりノッド遺伝子とノッド因子を発現する。これらは以前は細菌による「感染」と呼ばれたもの（病気を引き起こす感染ではなく、むしろその逆である）と根粒の成長を促進する。

細菌が損傷部位に侵入する場合もある。ほとんどの場合、細菌は根毛の先端に付着し、根毛は湾曲してポケットを形成し、細菌が細胞膜の陥入によって植物内に入ることを可能にする。これが皮質内に深く入り込む「感染糸」と呼ばれるものである。そのとき、細胞周期は加速し、細胞は増殖して根粒形成が始まる。そして細菌が植物の細胞内に運ばれ根粒が分化を始めるとき、生物の共生生活も始まることになる。

第11章　細胞内共生

細菌と真核生物（ヒト、動物、植物）の共生は一般的に、パートナーを形成する二者の少なくとも一方には有益である。これらの任意共生は現れては消失し、場合によってはふたたび現れる。しかし、進化の過程で確立された必須共生が存在し、とくに昆虫では一般的である。実際に、昆虫の一〇～一二％は「細胞内共生生物」を持っており、それらは一般的に菌細胞（bacteriocyte）と呼ばれる構造の中に存在している。細胞内共生は、昆虫が持っていない性質をもたらし、昆虫には近寄ることができないニッチに適応できるようにすることによって、多くの昆虫属の進化と生態学上の成功に寄与してきた。真核細胞内にあるミトコンドリアとクロロプラスト（葉緑体）の起源は細胞内共生であると考えられている。すなわち、植物細胞のクロロプラストの始まりにおいては、核を具えた細胞が光合成細菌と必須共生を確立していただろうし、すべての真核細胞のミトコンドリアの始まりにおいては、非光合成細菌との必須共生を確立していたはずである。

融合するカップル――エンドウヒゲナガアブラムシとブクネラ属菌

エンドウヒゲナガアブラムシとブクネラ属菌との共生は、最も研究されている昆虫と細菌の必須共生である。それはアブラムシにとってだけではなく、アブラムシにだけ存在する細菌にとっても必須である。今ではエンドウと細菌のゲノムが知られているので、この共生が何よりもまず栄養のためであることを決定的に確立することができた。

ブクネラ属菌は、よく知られた大腸菌のような腸内細菌科と近縁である。しかし、この細菌は進化の過程において環境内で単独で生きることを可能にしていた多くの遺伝子を失った。この遺伝子喪失は、偏性細胞内寄生菌〔単独では増殖できず、別の生物の細胞内でのみ増殖できる菌〕の特徴の一つである。この細菌は、宿主からただで供与される成分についてはこれを合成できる遺伝子、あるいは細胞内で生活する分には不可欠ではないタンパクを合成する遺伝子を失っている。

耕作に被害を与える昆虫であるアブラムシは、農業における大きな損害の原因になっている。温暖な我々の地域では、農業上の重要性を持つ植物種の四分の一がこの害虫による被害を受けている。歴史的な一例は、一九世紀にフランスのブドウ栽培のほぼ全体に大打撃を与えたブドウネアブラムシのケースである。アブラムシは注射器のようなもので植物を突き刺し、樹液を吸って栄養を摂っている。この穿刺は植物から大半の樹液を奪うだけではなく、傷を誘発して形態学的な影響を及ぼし、ウイルスや寄生虫の侵入を許す結果になる。樹液はアブラムシに糖を供給するが、アブラムシが必要としているすべてのアミノ酸を提供するわけではない。樹液にはそれらのアミノ酸がほとんどないからである。細胞内共生生物であるブクネラ属菌がそうしたアミノ酸の一部を提供するので、ブクネラ属菌はアブラムシの成長に不可欠となる。アブラムシをアミノ酸のない環境で食糧を供給して育てても、問題なく成長して生殖する。しかし、抗生物質を生育環境に加えると、アブラムシは成長と繁殖を止めることから、細菌がアブラムシの成長に必須であり、アブラムシが必要とする栄養素をもたらしていることが明らかになる。

アブラムシの体中では、ブクネラ属菌は菌細胞という大きな細胞の内部に局在している。菌細胞内でそれぞれの細菌は、シンビオソームという液胞を形成する宿主由来の膜に囲まれている。細菌が産生するアミノ酸はこの液胞の外に放出され、宿主細胞により吸収されると考えられている。成長したアブラムシは数百万のブクネラを持っている。

ジェノミクスのデータはこれらすべての点を完全に解明した。進化の過程で、ブクネラは環境中で単独で生きることを可能にしていた多くの遺伝子を失った。たとえば、すべての腸内細菌の表面に存在する多糖を産生する遺伝子や、嫌気性呼吸とアミノ糖と脂肪酸の合成に必要な遺伝子であるが、そのためブクネラのゲノムは最も小さく（六五二キロベース）最も安定したゲノムの一つになっている。

しかし、共生生物ブクネラはアブラムシの成長に必須なアミノ酸の合成はできるが、他のものは合成しない。宿主のアブラムシは細菌にエネルギー、炭素、窒素を供給する。グルタミンとともにアスパラギンは、樹液の通導組織である篩部《しぶ》に豊富なアミノ酸である。これらをアブラムシが摂取し菌細胞まで運ばれると、そこでアスパラギンはアスパラギン酸に変換される。アスパラギン酸はアスパラギン酸アミノ基転移酵素によってアミノ基転移されてオキサロ酢酸になり、その結果グルタミン酸が放出される。グルタミンもまたグルタミン酸に変換され、これは他のアミノ酸産生のために自分の窒素を使う細菌が吸収し、今度はそのアミノ酸をアブラムシが利用する。これがまさに、アミノ酸産生のためのアブラムシとブクネラの代謝協力の現場である。こうした反応のすべてはジェノミクスのデータによって確認された。

アブラムシのゲノムもまた解明された。それにより、免疫に関与する遺伝子の喪失が直ちに示されたが、それはブクネラの獲得がいかに有利だったのかを明らかにしている。ブクネラとアブラムシの間に遺伝子伝播はなかったが、他の細菌とアブラムシの間には確実に遺伝子伝播があり、これらの遺伝子は菌細胞の中によく発現している。このことは、共生におけるこれらの遺伝子の重要な役割を示唆するものである。しかし、これらの遺伝子の機能解析はまだ初期段階にある。

アブラムシはしばしば二次的な細胞内共生菌を腸、菌細胞周辺組織、あるいは他の菌細胞の中に持っている。エンドウヒゲナガアブラムシにおいては、それはハミルトネラ、レジエラ、セラチアの三つの細菌である。これらの細菌がアブラムシとブクネラの相利共生に関与していること、すなわち、カップルの生活に影響を与えていることも否定できない。

他の昆虫、他の共生

細胞内共生は哺乳類の血液を栄養源にしているツェツェバエでもよく知られている。このハエはアブラムシのブクネラのように、必須の成分（ビタミンと他の補因子）を供給してくれるウィグルスウォーチアという特異的な細胞内共生菌を持っている。ハエにおいては、細胞内共生菌は特定の細胞内で見られる。

オオアリ（Camponotus fellah）でも細胞内共生菌（Candidatus blochmania）は認められるが、抗生物質による処理はアリの生存に影響を与えないようである。この細胞内共生菌の役割はまだ知られていないが、アリ自身の群生生活がきわめて特殊で複雑なので、すべての側面を理解するには時間を要するだろう。

細菌が繁殖能力を決めるとき

ブクネラは卵母細胞によって代々伝播される。この状況は、ブクネラよりもずっと広範に見られる細胞内共生菌で驚くべき性質を持っているボルバキアについても同様である。

実際にボルバキアは、とくにヒトを刺す多くの蚊を含む全昆虫種の六〇％に存在するが、デングウイルスの伝播に関与する主要な蚊であるネッタイシマカでは見られない。また、この細菌はオンコセルカ科、線虫あるいはフィラリアの仲間の四七％にも存在する。

ボルバキアは、とくに細胞質不和合の現象、および蚊が媒介する病気との闘いで利用する可能性が研究されてきた。事実ボルバキアは、蚊や多くの昆虫において細胞質不和合を誘導する。これはボルバキアによる感染がない雌が感染した雄と交尾すると、子孫が絶える現象である（図15）。反対に、ボルバキアに感染した雌が感染の有無に関係なく雄と交尾する場合には、子孫を生み出す。これは非

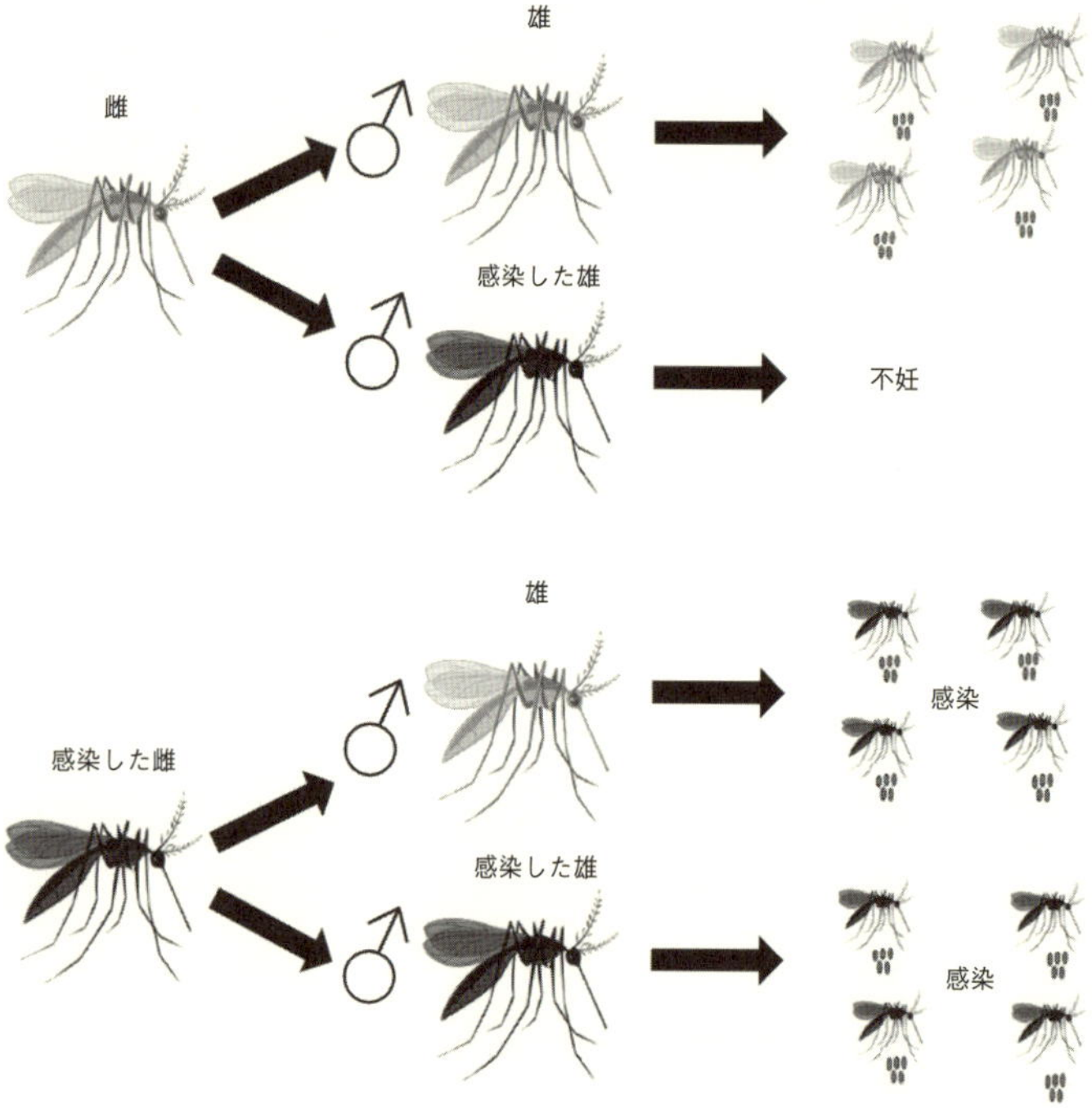

図15　**細胞質不和合．**感染していない雌の蚊が感染していない雄と出会うと子孫を作るが，雄が感染している場合はその限りではない．感染している雌が感染の有無を問わず雄と出会う場合，ボルバキアは雌の細胞によって伝播されるため，子孫はできるがすべての蚊は感染している．

感染の雌に対して感染した雌に選択的な優位性を与えており、いずれはすべてがボルバキアに感染した蚊の集団を生み出す。伝播が雌と卵巣を介する点で、細胞質不和合はボルバキアの伝播率を増加させる。

ボルバキアの中には、特定の昆虫において雄を完全に消滅させる原因になっているものがある。感染した雌は正常に発育するが、感染した雄の胚は生存できないのである。さらに驚くべき現象は、ボルバキアがワラジムシの雌性化を引き起こすことができることである。受精した卵母細胞にボルバキアが存在すると、遺伝学的に雄として生まれた個体を、生殖して子孫を産む機能を持つ雌に分化誘導するのである。

ボルバキアを持つ蚊は、デングウイルス、チクングニアウイルス、黄熱ウイルス、ウエストナイルウイルス、さらには熱帯熱マラリア原虫や三日熱マラリア原虫にも抵抗性を示すことから、これらの病気を予防するためにボルバキアに感染した蚊を拡散するというアイディアがすぐに実行された。また、蚊を駆除するために、非感染の雌とは子孫を持つことがない感染した雄の蚊を拡散するというアイディアも利用された。

細菌と寄生虫

ボルバキアはヒトや家畜の病気の原因になる寄生虫フィラリアでも検出された。これは蚊が媒介し、四肢の浮腫が特徴のリンパ系フィラリア症である象皮病を引き起こす。犬のフィラリア症はダニが媒介する。フィラリアの八九・五％はボルバキアを保有していると考えられていたが、最近この数字は下方修正され、三七％程度である。しかし、ボルバキアを持っていないフィラリアにもボルバキア遺伝子を獲得した形跡が見られることから、共生が遺伝子を獲得する方向に進化した非常に古い出来事であることを示唆しているのは興味深い。

昆虫と同様にフィラリアにおいても、ボルバキアは雌の生殖細胞である卵母細胞によって代々伝えられる。ボルバキアとフィラリアの関係は、パートナーを形成する二者が共生から利益を得る相利共生のように見える。それは、抗生物質でフィラリア症を治療すると寄生虫の死を引き起こすことにより証明された。リンパ性フィラリア症の原因であるマレー糸状虫のゲノム配列は、この寄生虫にはないヘムとリボフラビンの合成に必要な遺伝子をボルバキアが持っていることを明らかにした。フィラリアの生存と生殖を可能にすることに加え、ボルバキアは、宿主の炎症、免疫抑制、さらにリンパ性フィラリア症の場合にはリンパ管の増大を惹起することで、宿主の病気においても役割を担っている。医薬品イベルメクチン（ウィリアム・キャンベルと大村智に与えられた二〇一五年のノーベル賞の対象となった）とアルベンダゾールは成虫のフィラリアではなく幼虫に作用し、数年に及ぶ治療が必要となり重大な耐性を引き起こす。これに代わって一〇年ほど前から、治療期間は四〜六週間で、九歳以下の小児と妊婦あるいは授乳中の女性には禁忌になっているが、フィラリア除去のために抗生物質による治療が推奨され始めている。

細胞核とミトコンドリア内の細菌

先に述べた細胞内共生菌と多くの病原菌を含む細胞内細菌は、遊離しているか、液胞内に閉じ込められるかは別にして、しばしば細胞質内に棲みつく。

しかし、いくつかの細菌は細胞の最も重要な場所である核に行ってとどまるためのメカニズムを確立することに成功したようである。こうして核内にいて細胞質の防御から免れ、ＤＮＡの近傍にいてその時が来ればＤＮＡを容易に操作できるのである。細胞内細菌は、大部分がゾウリムシや肉質虫のような単細胞性真核生物とともにいる。最も研究されている細胞内細菌の中に、ゾウリムシに感染するホロスポラ属がある。これはリケッチアとかなり近縁で、あるものはゾウリムシの大核に感染し、他のものは小核に感染する。また、節足動物、海洋無脊椎動物、あるいは哺乳類にも見られる。

ミトコンドリアはすべての真核細胞の内部に存在し、アデノシン三リン酸を産生する小器官で、今では細菌由来であることが証明されている。確かに、ミトコンドリアには小さなＤＮＡが存在し、細菌の遺伝子、とくにリケッチアの遺伝子によく似た限られた数の遺伝子をコードしている。驚くべき事実は、現在のところその数は一つであるが、ミトコンドリア内に細菌が検出されたことである。それはミディクロリアで、ライム病の原因菌ボレリア・ブルグドルフェリを媒介するマダニの細胞内共生菌である。おそらく、細菌がこのようにミトコンドリア内で生活する例は他にも見つかるだろう。

第III部　感染の生物学

第12章　病原菌、大災厄、そして新しい病気

感染性疾患は生体内で増殖に成功した病原体（細菌、ウイルス、寄生虫、あるいは真菌）によって引き起こされる。一般的に、病原体は病気が始まる前には存在しない。例外は、正常な微生物叢の細菌が関与する場合で、宿主の体調に突然変化が起こり、衰弱したり障害を受けたり、あるいは外科手術を受けたあとに免疫抑制剤治療を受けた場合である。これらの場合、日和見病原体（平素無害菌）が新しい状況を利用する。他の大部分の場合、病気はヒトに由来し、さらに多くは動物に由来する。病気の媒介動物はダニや昆虫（ノミ、ハエ、多種の蚊）のような節足動物のことが多く、それは一般には他の感染動物（ネズミ、多様なげっ歯類、家畜）に宿っていたり、そうした動物と接触したりすることによって発病する。

細菌性疾患はあらゆる属に属するあらゆる種類の細菌が原因となり、それらはグラム陽性あるいは陰性、芽胞を形成したりしなかったり、細胞内にあったりなかったりする。同じ科に属する細菌の中にも病原性細菌とまったく無害な細菌があり、病原性細菌は病原性因子と呼ばれるものを産生する。この因子は宿主の防御に抵抗する力を細菌に与え、血液や脳脊髄液のような液体の中であれ、腸、鼻

腔、肺の粘膜表面上であれ、生体内での増殖を可能にして、炎症と組織の破壊を引き起こす。

人類史上の大災厄

［ペストと他のエルシニア感染症］

ペストはペスト菌（*Yersinia pestis*）によって起こる。この細菌は、一九世紀の終わりに東南アジアでペストが猛威をふるっていた際、アレクサンドル・イェルサンによって同定された。ペストは非常に古くから知られているが、ペストという名前が伝染病に与えられたのは、六世紀のユスティニアヌスのペストと言われる腺ペストである。実際には、感染したノミを黒ネズミが運び、ヒトがノミに刺されるとその一週間後、鼠径部あるいは大腿上部のリンパ節腫大を特徴とする鼠径リンパ節炎（あるいはリンパ節腫脹）として症状が現れる。治療しなければ、感染は脱水症状、神経系の障害、そして死へと急激に進展する。腺ペストより稀でヒトの間で伝播する肺ペストは、直接肺を侵す。これは数日のうちに死に至る。

ユスティニアヌスのペストの後、この病気は一三四七年まで姿を消す。その年、ヨーロッパの人口の二五〜五〇％の命を奪った「黒死病」の大流行が始まった。それから細菌の同定が可能になりワクチンが開発された最後のパンデミックまで、いくつかのペストの流行がヨーロッパで定期的に記録されている（ロンドンのペストの大流行、マルセイユのペスト）。現在のところ、年間数千のペスト症例がいまだに記録されており、そのうちの九〇％はアフリカ、とくにマダガスカルとコンゴ民主共和国である。ペストにはかなりの再流行が見られ、世界保健機関（WHO）によって再興性とされている。

世界のいろいろな場所に由来するペスト菌株のゲノム解析を入念に行った結果、細菌の起源はおそらく中国で、そこに二六〇〇年前にさかのぼるすべての株の共通祖先があることが判明した。

ペストは最も恐れられている病気の一つである。昔、ペスト患者は隔離されたり孤立させられたりした。たとえば一七二〇年、ヴナスク伯領をマルセイユのペストから護るために、ヴォクリューズ山に二七キロメートルにわたって建てた空積みの石材による城壁「ペストの壁」の向こうのようなところにである。医者の方は、芳香性植物を詰めた嘴の付いた有名なマスクで病気から身を護った。ベニスではこうしたマスクは白かった。

アミノグリコシド系抗生物質（ストレプトマイシンあるいはゲンタマイシン）によるペストの治療はまだ効果的であるが、すべての細菌と同様にペスト菌についても抗生物質の耐性が現れる可能性があるだろう。

【Yopタンパクと III 型分泌装置】

ペスト菌に加え、他の二つのエルシニア属の細菌がよく知られている。腸管病原菌のエルシニア・エンテロコリチカと仮性結核菌である。エルシニア・エンテロコリチカは、とくに小児の胃腸炎の原因となる。仮性結核菌はヒトの腸間膜リンパ節炎の原因であるが、とくに動物を侵す。

これらの細菌は、一九八〇年代の終わりに III 型分泌装置（図14）の存在を明らかにする過程で大きな役割を果たした。これらの細菌はⅢ型分泌装置という複雑な装置によって分泌されるYｏｐと呼ばれるタンパク（Yersinia outer protein）を産生する。Yｏｐタンパクは環境中に放出されるか、感染細胞に直接注入され、感染に大きく関与している。

［ハンセン病とらい菌］

ハンセン病はペストと同様に中国、エジプト、インドで古代から知られている病気である。ペスト患者のようにハンセン病患者も恐れられ、しばしば拒絶され、排除されてきた。しかし、ハンセン病はほとんど伝染性がない。この細菌は極端にゆっくり増殖するので、病気の進展も遅い。この細菌の倍加時間は、培養が可能な稀な変温げっ歯類の一つであるアルマジロで一〇日から一五日である。この細菌はヒトからヒトに伝播することもあるが、つい最近合衆国で明らかにされたように、アルマジロからヒトにも伝播することがある。一八七三年にノルウェー人のゲルハール・ハンセンによって発見されたハンセン病の原因菌であるらい菌は、おもに末梢神経、皮膚、粘膜を侵し、シュワン細胞という神経細胞の中で増殖し、それらの細胞の破壊と四肢の無感覚に続いて、その障害、損傷、変形、麻痺、多様な身体的不自由を引き起こし、さらに四肢の切断、そしておそらく多くの心理社会的な結果を招く。ハンセン病は長い間不治であったが、現在ではジアフェニルスルホン、リファンピシン、クロファジミンの多剤併用療法で治療できるようになっている。この三剤療法を六か月から一年間継続すると治癒に至る。ここ二〇年の間、一四〇〇万人以上の患者がハンセン病から回復している。世界では、ブラジル、インド、インドネシア、マダガスカル、それからいくつかの他の国にまだ約二〇万のハンセン病患者がおり、年間新たに約二〇万の患者が出ている。WHOはこの病気の根絶プログラムを導入したが、それは有望に見える。

［結核と結核菌］

やはり古代ギリシア・ローマ時代から知られている結核は、今日ではエイズ（これはウイルスによる）に次いで二番目に死者が多い感染症である。二〇一三年には、九〇〇万人が結核を発症し、一五〇万人がこの病気で亡くなっている。しかし、一九九〇年から二〇一三年の間に、結核による死亡率は四五％減少した。世界人口の三分の一は結核菌を持っているが、一〇％だけが結核を発症する。この細菌はおもに免疫系が弱っている人を襲う。結核は一八八二年にロベルト・コッホによって発見された結核菌が原因で、この細菌は今でもコッホ菌と呼ばれている。結核はエアロゾルによりヒトからヒトへ広まり、肺で発症する。肺結核は昔、労咳と呼ばれた。これが最も広まっている形であるが、骨、腎臓、腸、生殖器、髄膜、副腎、皮膚の病変もある。昔はサナトリウムでの太陽や外気による療養や外科手術が治療方法だった結核ではあるが、一九五〇年代以降は抗生物質療法による治療も行われている。六か月の治療で四つの抗微生物薬を用いる。今では多剤耐性株が現れ、結核再興の原因になっている。現代の先進国ではおそらく衛生状況と食事の質の改善によって、結核はもはや昔のような大災厄ではなくなっているが、発展途上国では依然として深刻である。

一九二一年からはワクチンが存在している。最初にこれを作製したリールのパスツール研究所の二人の科学者名から「カルメット・ゲランの桿菌」（Bacille de Calmette et Guérin）と命名されたＢＣＧワクチンは、通常は牛に病気を起こす結核菌の「生弱毒」株である。ワクチンの効果は、結核の致死的な進展、とくに結核性髄膜炎と播種性結核（粟粒結核）の予防に限られる。昔は義務であったこのワクチンの接種はフランスでは二〇〇七年から任意接種になっており、「危険性のある」小児に対する戦略的接種に絞るよう推奨されている。しかし、フランスのような国でこの危険性のある小児とは誰なのだろうか。この勧告には、烙印を押し差別的な側面があるために倫理的な問題となり、国家倫理諮問委員会が「結核の検診とＢＣＧによる予防接種」に関する意見九二の中で集中的に論じている。

【マイコバクテリウムのジェノミクス】
らい菌と同様、結核菌も非常にゆっくりと複製する。これらの倍加時間はそれぞれ二週間と二〇時間で、これが結核とハンセン病の研究の大きな妨げになってきた。しかし一九九八年と二〇〇九年に、この二つの細菌のゲノム配列が決定され、その毒性や特別な生理に関する多様な研究への道を開いた。

小児疾患

［百日咳と百日咳菌］

百日咳は気道の感染症で、一週間の潜伏期の後に数週間にわたって持続する。激しい咳込みが特徴で、激しい発作は鳥の鳴き声を思い出させる。百日咳の原因菌は一九〇〇年にジュール・ボルデによって発見された百日咳菌（*Bordetella pertussis*）である。高い死亡率がその特徴だったが、抗生物質の登場により予後は明らかに改善された。一九四〇年代から使われている全菌体ワクチン――フランスでは一九五九年だけ――は、百日咳の死亡率を著しく減少させることに寄与した。三回の接種によって、このワクチンは症状は抑えるものの感染を防ぐわけではなかったため、より高価だがさらに優れた効果を示す無細胞ワクチンの開発に向かった。予防接種は一九六六年以降一般に普及した。そのときは、ジフテリア、破傷風、ポリオの義務的ワクチンと組み合わされ〔四種混合ワクチン〕、さらにインフルエンザ菌感染に対する義務的ワクチンと組み合わされた〔五種混合ワクチン〕。今日、ワクチンによる防御は六か月から一〇歳の小児では有効で、その年齢層では病気は消えたが、若年成人でふたたび現れている。現在、追加接種が一一歳からの小児で提案され、若年成人では強く推奨されている。

［ジフテリアとジフテリア菌］

ジフテリアは、一九世紀の終わりにはまだ小児の最大の死因であった。この病気はジフテリア菌が原因で、一八八四年にテオドール・クレブスとフリードリヒ・レフラーによって発見、分離された。この病気は気道の入り口に偽膜〔炎症局所の粘膜上で壊死組織と線維素などが作る膜様構造〕を形成するという特徴がある。アレクサンドル・イェルサンとエミール・ルーは、この病気のすべての臨床徴候は細菌が産生する毒素によっていることを明らかにした。驚くべきことに、この毒素遺伝子はバクテリオファージによって運ばれる。ファージゲノムは細菌のゲノムに組み込まれるが、そこから出ることもでき、その場合、完全に病原性を失った細菌を生み出すことになる。ロベルト・コッホの弟子であるエミール・フォン・ベーリングと北里柴三郎は、一八九〇年にジフテリアから快復した患者がその血中に抗毒素*を持っていることを発見する。そこから、治癒した患者、あるいは毒素をあらかじめ注射された動物の血清で「血清療法」を行って患者を治すというアイディアが生まれた。最も効果的な治療法はガストン・ラモンによって開発されたが、彼はそのために不活化した毒素を用いた。現在ではジフテリアは事実上なくなっている。

【ジフテリア毒素】
ジフテリア毒素の作用機序は非常によく研究された。この毒素はADPリボース化により宿主タンパクである翻訳伸長因子EF2を変化させ、その結果、毒素が入った細胞におけるタンパク産生を阻害する。この毒素は、宿主タンパクを翻訳後に修飾できることが明らかにされた最初の細菌毒素である。一九六〇年のことであった。

［破傷風と破傷風菌］

破傷風もまた破傷風毒素（テタノスパスミン）という一つの毒素による急性疾患で、たとえば傷口のようなところから一度細菌が生体内に入ると、移動してニューロンに達し、非常な痛みをともなう特徴的な筋肉の収縮と痙攣を引き起こす。ジフテリアの場合と同様に、血清療法による治療、あるいは化学的に修飾して毒性をなくした毒素の注射による予防接種が可能である。北里柴三郎によって一八八九年に発見された破傷風の原因菌である破傷風菌に特徴的なことは、この細菌が芽胞を形成し、その芽胞がそのままの状態で土壌中に何年もの間とどまることができるということである。創傷や傷口の中に入り発芽して毒素を放出するのは、一般的にこれらの芽胞である。義務的な予防接種により、破傷風は工業国では事実上なくなり、たとえばフランスでの年間死亡者数は一〇人以下である。感染を抑えるために抗生物質療法と血清療法が使われている。痙攣の治療には、静かな環境に患者を置き、シナプスレベルで作用して破傷風毒素の効果に対抗するベンゾジアゼピンのような薬剤を投与する必要がある。

【破傷風毒素】

破傷風毒素は、ボツリヌス毒素と同様、タンパクを分解できる酵素、すなわちプロテアーゼである。二つの毒素ともSNAREと呼ばれるタンパクを標的としている。SNAREタンパクは、たとえば、神経伝達物質の分泌の際の細胞内小胞と細胞膜の融合のような二つの膜コンパートメントの融合を可能にする膜タンパクである。

＊これは抗体のことである。

そのため、破傷風毒素はニューロンによる神経伝達物質であるアセチルコリンの放出を抑制する。

［レンサ球菌属］

レンサ球菌属には病原性がある種とそうでない種がある。三つのおもな病原菌種は、第一に、扁桃炎（ウイルス性ではなく、急性関節リウマチに発展する可能性があるもの）、皮膚感染、肺感染の原因菌である化膿レンサ球菌（A群溶連菌）、第二に、新生児の感染、膣あるいは泌尿器系感染の原因菌であるアガラクチア菌（B群溶連菌）、そして第三に、中耳炎と副鼻腔炎の原因となる肺炎レンサ球菌（肺炎球菌）で、これは死に至ることもある肺炎の原因にもなっている。肺炎レンサ球菌は咽頭鼻部の共生菌で、ヒトの五〇％は肺炎レンサ球菌を宿しており、アガラクチア菌は三〇〜五〇％の女性の膣微生物叢に存在する。肺炎レンサ球菌の共生株は実際に病原菌になることはあるのか、そして病原株は常に病原菌でいるのか、あるいは共生菌でもありうるのかについての研究は、まだ十分に進んでいない。一般に、レンサ球菌は唾液によってヒト－ヒト間で拡散する。

【大発見の原因となったレンサ球菌】

肺炎球菌は増殖の過程で外来DNAを組み込んで性質を変化させることができる「コンピテント」な細菌である。形質転換と呼ばれるこの現象が最初に発見されたのが、肺炎球菌でのことであった。その際、形質転換の原因物質がDNAであることが発見されたのである。A群溶連菌はトランス活性化型crRNAが発見された細菌で、これはCRISPR因子の上流に位置する*cas*遺伝子の上流でコードされている。トランス活性化型crRNAは、Cas9タンパクをその標的に導いている（第4章、図10）。

［インフルエンザ菌］

ヒトの気道にいるこの細菌は一九八二年に初めて記録され、莢膜《きょうまく》に包まれることもそうでないこともある。非莢膜型が細菌性中耳炎の四〇%の原因になる一方、莢膜型は中耳炎の原因にもなるが、とくに敗血症、肺炎、そして幼児における髄膜炎の原因になっている。この細菌は、呼吸器感染の場合しばしば肺炎レンサ球菌と共存する。抗生物質による治療は、β‐ラクタム系抗生物質に対する耐性にもかかわらず、まだ可能である。ワクチンは一九九〇年代初頭から使用できる状態にある。

【全塩基配列が決定された最初の細菌ゲノム】

インフルエンザ菌のゲノムは、一九九五年に全塩基配列が決定された最初の細菌ゲノムとなった。このゲノムは一八三万一四〇塩基対を持ち、一七四〇のタンパクをコードしている。

〔髄膜炎菌と髄膜炎〕

レンサ球菌と同様、髄膜炎菌（*Neisseria meningitidis*）は、病人でなくてもヒトの鼻咽頭に存在することがある。無症候性キャリア（健康な保菌者）のことである。正常集団ではこの無症候性キャリアは五～一〇％であるが、共同体によっては五〇～七五％に達することがある。感染はヒト－ヒト間で起こる。鼻咽頭に存在する髄膜炎菌は血流に乗って髄膜にまで拡散し、血液脳関門を通り抜け、つまり脳の微小血管を出て、髄膜炎を引き起こす。また、髄膜炎菌は血中でも増殖し、電撃性紫斑病の名で呼ばれている重篤な敗血症を引き起こす。髄膜炎と敗血症は急激に進行することがあり、髄膜炎菌がまだ抗生物質に高い感受性を持つことが多いにもかかわらず数時間で死に至ることから、迅速な診断が必要となる。治癒した場合でも重大な神経系後遺症が残ることがあり、これが無症候性であっても髄膜炎菌を持つことを最大限避けるべき理由になっている。

【宿主の防御の回避と抗原変異】

髄膜炎菌はその表面を変化させる非常に高い能力によって特徴づけられる。細胞表面には一つのファミリーに属するタンパクを発現しているが、それは似ているけれども少しだけ異なる同じファミリーのタンパクによって置換されることがある、それによって宿主、とくに抗体による認識を避けている。これは「抗原変異」と言われ、髄膜炎菌と同じ属に属する淋菌のような他の多くの病原菌によって共有される性質である。

髄膜炎菌を含むナイセリア属はもともとコンピテントな細菌で、増殖のいかなる相においても外来ＤＮＡ

を取り込むことができる。

［リステリア症とリステリア菌］

リステリア菌は一九二六年にイギリスのE・G・D・マリーによって発見された。その当時、ケンブリッジの動物飼育舎でウサギとモルモットを襲った伝染病の原因がリステリア菌であった。それがヒトの食感染症の原因菌として同定されたのは、さらに後のことであった。リステリア菌は新生児髄膜炎の主要な原因になっている。妊婦はとくにこの細菌に感染しやすく、これまで説明がつかなかった多くの流産はリステリア菌による感染が原因であったことが現在では知られている。リステリア菌による感染はもっぱら食事を介して起こり、この細菌は腸内にとどまったあと、腸管壁関門を通り抜け、胎盤と脳という標的臓器に到達する。こうして新生児は出生時に感染し、しばしば早産となる。事実、リステリア菌は高齢者や免疫抑制剤治療を受けている患者をよく侵す日和見菌である。したがって、妊婦や危険性のある人には生乳チーズのような食品を摂ることをできるだけ避けることが推奨されている。現在、食品は厳しく監視されており、それが感染の危険を大きく減少させている。さらに、リステリア菌はまだ抗生物質に強い感受性がある。したがって、髄膜炎と時宜に適った治療がされない場合に起こる重大な神経系の後遺症を避けるため、早期診断が重要な課題として残っている。リステリア症はまた、牛と羊に影響を及ぼす重大な獣医学の問題でもある。

【侵襲性細菌のモデルとしてのリステリア菌】

この日和見病原体は、分子生物学、遺伝学、ジェノミクス、ポストジェノミクス、そして細胞生物学を組み合わせたアプローチによって三〇年来研究されている。その結果、この細菌は感染の生物学において最も資料の蓄積が厚いモデルの一つになった。

リステリアの毒性は、マクロファージの殺菌性に抵抗し、食作用のない細胞内に侵入、増殖し、腸管壁関門、血液脳関門、胎盤関門という宿主の三つの関門を突破する能力によっている。この細菌は哺乳類の細胞表面にある受容体と反応するインターナリンと呼ばれる二つの膜タンパクを使って上皮細胞内に入る（図16）。

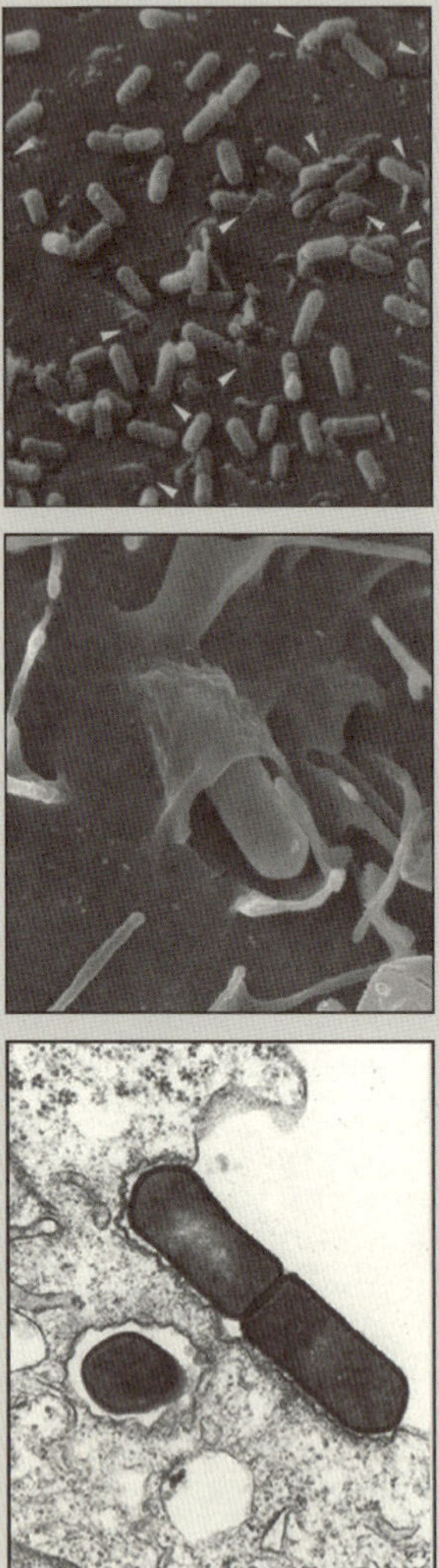

図16　**ヒトの培養細胞内に入るリステリア菌。**走査型電子顕微鏡による写真（上と中央の像）と透過型顕微鏡による写真（下の像）。

感染時の最も劇的な現象の一つは、この細菌が細胞内で動き回り、一方の極に細胞のアクチンを重合することによって一つの細胞からもう一つの細胞に移動できる能力である。リステリアが細菌の一極に発現しているActAと呼ばれるタンパクが起こすこの現象の解析により、Arp2/3複合体という最初の細胞内アクチン核化因子が発見されるに至った（図18を参照）。より最近では、リボスイッチを巻き込むメカニズムによる細菌遺伝子の新しいタイプの発現制御が、リステリアの生理を解析することによって発見された。

腸内感染

［コレラとコレラ菌］

コレラ菌は、一九世紀以来インドや他のアジア諸国で知られているヒトに限局された非常に伝染性の高い流行病の原因である。この細菌は、カルカッタでの派遣調査後の一八八四年にロベルト・コッホが発見し、コレラの病原菌として分離、同定した。症状は下痢、急激な胃腸炎、嘔吐が特徴で、急速な脱水症状を起こし、治療しない場合には死に至ることがある。伝染は経口で、一般には排泄物で汚染された水や食品の摂取によって起こる。潜伏期間は短く、二時間から五日で、小児と成人を侵す。この病気の発生が心配されるのは衛生条件が特別悪い場合、たとえば、二二万人の死者を出した二〇一〇年一月のハイチ大地震のあとのように、発展途上国での災害後などである。この国では地震に続くコレラの流行により八五〇〇人以上の死者を出している。これは経口での補水塩の投与により治療することが容易な病気である。重篤な脱水の場合には点滴静注に進む。流行が爆発した場合、必要な措置は何よりもまず安全な水へのアクセスである。現存のワクチンは短期間しか防御効果を持っていない。

【コレラ菌の病原性因子】
コレラ菌の主要な病原性因子は、脱水の原因になるコレラ毒素、およびコレラ菌の凝集と毒性にとって不可欠なバイオフィルムの形成を引き起こす線毛である。毒素は溶原性バクテリオファージによって運ばれる一方、線毛は毒素とともに調節因子Tox Rにより共同制御され、染色体の病原性遺伝子島によってコードされている。

コレラ菌はⅥ型分泌装置（図14参照）が発見された最初の細菌の一つである。コレラ菌はある条件下では形質転換されることがあり、そのときはとくに線毛を含む非常に複雑なシステムによって外来ＤＮＡを取り込むことができる。

［サルモネラ症――胃腸炎と腸チフス］

サルモネラ属菌による感染は、菌の種類によって胃腸炎であったり腸チフスであったりする。ネズミチフス菌は食事に由来する感染症の原因で、発熱、下痢、嘔吐、腹痛をともなう胃腸炎を発生させる。原因となる食品は非常に多岐にわたる。健康な成人は特別な治療は必要ないが、感染が非常に重篤になり死に至ることもある高齢者、乳幼児、免疫不全の人では抗生物質療法の処方をしなければならない。多くの動物もサルモネラ症に罹ることがある。

腸チフスはチフス菌やパラチフス菌と呼ばれる他の種のサルモネラが原因になっている。腸チフスも食品が原因だが重篤な疾患で、とくに発展途上国での発症記録が多く、非常な高熱をともなう敗血症に急速に進展する。サルモネラ菌は最初に用いられた抗生物質に耐性となっている。現在はフルオロキノロンとセフトリアゾンが使われている。予防は予防接種とくに食品の選択における予防策によって行われている。

【サルモネラの毒性】

サルモネラの毒性は多くの研究の対象になってきた。これらの細胞内細菌はマクロファージ内で生存して増殖するが、上皮細胞内に入ることもある。

サルモネラ・エンテリカは二つのⅢ型分泌装置を持っており、その遺伝子はSPI－1とSPI－2という二つの病原性遺伝子島の上に集められている。最初の分泌装置は細菌の細胞内侵入に関与し、二番目のものは細胞に取り込まれる液胞内における細菌の増殖促進に関与している。これら二つの装置により分泌されるタンパクは、さまざまな機能を持っている。たとえば、感染細胞の細胞骨格を修飾したり、特定のシグナル伝達経路、とくに自然免疫反応に関わる経路を抑制したりする酵素である。

［一群の大腸菌］

大腸菌（エシェリキア・コーライ）は一八八五年にテオドール・エシェリヒによって発見された。この細菌は細長い形をしているので「桿菌」と言われ、球形をしたレンサ球菌、淋菌、ブドウ球菌のような球菌とは非常に異なっている。大腸菌は我々の腸内微生物叢の主要な構成要素である。しかし、非常に多くの病原性を持つ種が存在し、異なる症状を引き起こす。たとえば、胃腸炎、尿路感染症、腎盂腎炎（腎臓の感染症）、髄膜炎、あるいは全身性感染である敗血症などで、致死的になることもある敗血症性ショックを避けるためにはできるだけ早く阻止しなければならない。したがって、病原性大腸菌は腸管だけではなく、膀胱や腎臓、また特定の大腸菌種が特異的に持っている遺伝子によって脳にもコロニーを形成することがある。

最も研究され、最も知られた種の中には、尿路病原性大腸菌（UPEC）、また腸管病原性大腸菌（EPEC）と腸管出血性大腸菌（EHEC）があり、とくにO157H7株は、ヨーロッパや合衆国で生焼けの牛肉を摂取したあとにいくつかの重篤な流行が発生したので、ときに「ハンバーガー菌」と呼ばれている。これらの腸管出血性大腸菌は強力な毒素である志賀毒素を産生し、腸の細胞を破壊する。

二〇一一年、腸管出血性大腸菌のO104H4株による致死性胃腸炎の流行がヨーロッパで荒れ狂った（四七人の死者が出た）。一時、これは汚染されたキュウリによって起こったと考えられたが、原因は中近東由来の発芽したエンドウ豆の種子であることが明らかになった。この出来事は、伝染病の初期に汚染されていると間違って疑われたキュウリを出荷していたスペインで重大な結果を招いた。

さらに詳細な研究により、この株はじつは腸管凝集付着性大腸菌（ＥＡＥＣ）という他の大腸菌の遺伝子を獲得した腸管出血性大腸菌の株であることが明らかになった。

大腸菌は実験室での培養が非常に簡単な細菌で、その発見直後から、そして今でも生理学者と遺伝学者にとって非常によく使われている研究モデルであることに留意されたい。フランソワ・ジャコブ、アンドレ・ルヴォフ、ジャック・モノーが一九六五年にノーベル賞を獲得したのは、大腸菌とその遺伝子発現を研究することによってである。その後、大腸菌は成長ホルモンやインスリンのようなタンパクをコードする遺伝子を持つプラスミドを医療に導入するために使われた。そのため、これらのタンパクは危険を含むものから精製するという問題に煩わされることなく、遺伝子工学によって細菌の中で産生されることになった。成長ホルモンが死体の脳から不用意に抽出されたため、思春期に受けた成長ホルモン治療で感染してクロイツフェルト・ヤコブ病を発症した子供の悲惨な出来事が思い出される。すべての細菌と同様、大腸菌においてもとくにフルオロキノロンやセファロスポリンに対する耐性が出現した。

【腸管病原性大腸菌と細胞への接着――Tirの驚くべき物語】

大腸菌は非常に多様である。多くの株は病原性を持たないが、他のものはさまざまな病原性因子を具えている。とくに、上皮表面に強く接着することを可能にしている線毛やシデロホアである。シデロホアは鉄が少ない場所、たとえば尿路病原性大腸菌（ＵＰＥＣ）が腎臓に上る前にバイオフィルムを形成できる膀胱内のようなところで増殖するために、鉄の確保を可能にする。腸管出血性大腸菌（ＥＨＥＣ）の志賀毒素や尿路病原性大腸菌のＣＮＦ１（細胞壊死因子１）毒素のように、非常に強力な毒素を産生する大腸菌もある。
腸管病原性大腸菌（ＥＰＥＣ）は腸細胞に接着するための独自の戦略を作り上げた。この細菌は宿主細胞内にⅢ型分泌装置によってTirと呼ばれるタンパクを注入し、それが感染細胞の膜内に挿入される。その後、このタンパクは細菌にとって接着点として機能する。インチミンと呼ばれるTirと強く反応するタンパクを、細菌はその表面に発現しているからである。このインチミン－Tir相互作用は宿主細胞の細胞骨格に変化を起こし、その結果、腸組織を崩壊に導いて小児の下痢を引き起こす。

院内感染

［エンテロコッカス］

エンテロコッカス・フェカーリスは嫌気性菌で、ヒトや他の哺乳類の腸内微生物叢の一部を構成しているが、病原菌となって、とくに尿路感染症を引き起こすことがある。この細菌は多くの抗生物質に耐性で、そのために病院内での多くの致死性感染の原因になっている。

【エンテロコッカスの病原性因子】
この日和見菌の病原性因子は、おもにカテーテルのような非生物表面や細胞への接着を可能にする因子、ならびにバイオフィルム形成に関与する因子である。エンテロコッカス・フェカーリスはプロテアーゼを発現し、これもまたバイオフィルム形成に関与している。

［ブドウ球菌］

この属もまた、病原菌と皮膚粘膜微生物叢の一部となっている他の非病原菌を含み、それはその場の条件によっては病原菌となることがある。ブドウ球菌の感染は増え続けている。病原性ブドウ球菌の中で、黄色ブドウ球菌は最も恐るべきものである。それは最も頻度の高い院内感染菌の一つで、大部分の株は抗生物質に多剤耐性となっている。これらの株はいくつかのタイプの感染の原因になっている。たとえば、食品による感染、多くの皮膚や粘膜の感染などである。ブドウ球菌が産生する毒素は、感染によって現れる特異的症状のほとんどの原因である。皮膚感染は癤《せつ》〔いわゆる、おでき〕から膿瘍に至るさまざまな形態を取る。粘膜感染は急速に敗血症に発展することがある。ブドウ球菌は、エンテロトキシン産生による稀ではあるがしばしば致死的な「トキシックショック症候群」の原因になっている。ある株はエクスフォリアチン（表皮剝脱毒素）を産生して皮膚を侵し、それによってとくに小児で皮膚が劇的に剝脱する。病院内では、ブドウ球菌はしばしばプロテーズやインプラントされた材料に感染する。抗生物質療法は推奨される治療ではあるが、バンコマイシン耐性株が出現して深刻な治療の行きづまりの原因となっている。

［シュードモナス――熱傷患者と嚢胞性線維症患者の細菌］

シュードモナス属は、ヒト、動物、植物に病原性を持つ多くの種と非病原菌を含む。これらは遍在性の細菌で、止水域や空調設備のような多くのニッチに見られる。最も拡散し、最も研究されている種はシュードモナス・エルギノーザで、大部分の株が産生するピオシアニンという青い色素のために緑膿菌とも呼ばれる。これは創傷と火傷に重複感染を起こす日和見病原体である。この細菌も多数の化学剤、消毒剤、抗生物質に耐性があるので、多くの院内感染の原因になっている。シュードモナスの中には炭化水素のような化学物質を分解することもできる種があり、たとえば、石油流出のような汚染の場合にはその使用が推奨されている。

緑膿菌は嚢胞性線維症の患者で最も多い日和見病原菌である。この遺伝疾患の予後はおもに肺の状況によって影響を受けている（嚢胞性線維症患者において、最もよく見られる肺の細菌感染の原因菌は緑膿菌）。この疾患患者では、緑膿菌に対する抗生物質治療が非常に明確な効果を示す。したがって、感染の徴候がなくても緑膿菌が出現した時から治療することが重要である。

【緑膿菌】

この細菌は比較的大きなゲノム（一〇メガベース）と多くの病原性因子を持っている。多くの毒素（外毒素A、外毒素S）、ホモセリンラクトンによるクオラムセンシング、Ⅲ型とⅥ型分泌装置、Ⅳ型線毛などの詳細が研究されたのは、この細菌においてである。

［クレブシエラ］

クレブシエラ属、とくにクレブシエラ・ニューモニエ（肺炎桿菌）は、ヒトと動物の消化管、呼吸器に遍在する共生菌である。他の共生菌と同様、この細菌もその場の状況が適合すれば病原菌になることがある。多くの株がβ-ラクタマーゼに耐性となっているので、クレブシエラ・ニューモニエは院内肺炎に関与する頻度が最も高いグラム陰性菌である。

性感染症

［ゴノコックスあるいは淋菌］

一八七九年にアルベルト・ナイサーによって発見されたこの細菌は、淋病あるいは膿漏症の原因である。酸素と乾燥に弱いこの細菌は、粘膜内でよく発育する。ゴノコックス感染は昔は最も頻度の高い性感染症で、クラミジア感染よりも多かった。この細菌はヒト-ヒト間でしか拡散しない。女性では感染がしばしば気づかれないまま経過するが、男性では非常な痛みをともなう。それは急性尿道炎で、慢性化してこじれることがある。これまでペニシリンで治療された多くの細菌のように、ゴノコックスもまたこの抗生物質に耐性となり、現在の治療にはしばしばクラミジア治療に使われるセフトリアキソン、スピラマイシン、シプロフロキサシンが用いられている。

［クラミジア］

これは偏性細胞内細菌で、現時点では哺乳類の培養細胞以外の単純培養環境では増殖させることができない。クラミジア・トラコマチスはおもに発展途上国で広まっていて、失明に至る伝染性の高い瞼の感染症であるトラコーマの原因菌である。これは性感染症の原因にもなっている。伝播はヒト－ヒト間に限られ、尿路系の症状は一般に素早く治療されるのでヒトでは稀にしか睾丸の感染は現れない。これはパピローマウイルスに次いで最も多い性感染症である。男性ではときにほとんど感知されないという症状の幅が拡散の原因になっている。

［軍隊病］

チフス（チフスとは何の関係もない腸チフスと混同しないように）は、一八一二年にロシアから退却中のナポレオン軍を殲滅した。第一次世界大戦中の塹壕やナチの強制収容所でも猛威を振るった。攻囲戦や終戦時に多くのチフスの流行が現れたので、数世紀前から知られている。これは高熱、頭痛、激しい疲労を起こす非常に毒性の強い細菌、発疹チフス菌（リケッチア・プロワゼキー）による疾患で、細菌の名前はアメリカの病理学者ハワード・リケッツと、一九一五年にドイツの収容所でチフスの研究中に亡くなったチェコの動物学者スタニスラウス・フォン・プロワゼクに負っている。

この細菌は衛生条件が悪いときに拡散する。ヒトにはヒトジラミを介して感染する。細菌に感染しているヒトから栄養を摂るシラミは、その腸内で細菌を増殖させている。シラミはヒトを刺したあとに汚染された排泄物を残し、皮膚を引っ掻いたヒトが細菌を体内に侵入させているようである。第一次世界大戦の終わり、発見されたばかりのＤＤＴが伝染病の突発を防ぐためにシラミ駆除剤としてときどき使用された。この細菌は非常に危険で毒性があるので、結核菌やらい菌のようにセキュリティの高い実験室でしか研究することができない。

「バイオテロリスト」の細菌

［バシラス・アンスラシス］

炭疽菌とも呼ばれるこの細菌は一八七六年にロベルト・コッホにより初めて培養され、芽胞を形成することが発見された。芽胞は土壌中で何年も生き続ける。この細菌はヒトや多くの動物（羊、ヤギなど）に感染を引き起こす。動物への感染は食餌を介して起こるようである。そして致死的な敗血症に急激に進展する。一八八一年にパスツールが同僚のエミール・ルーとシャルル・シャンベルランの助けを借りてプイリ・ル・フォールで有名な羊の公開予防接種に成功したのは、重クロム酸カリウムで処理した細菌によるワクチンを用いたためである。これが有名なのは、予防接種の最初の成功例の一つであり、当時の新聞の一面を飾ったからである。

ヒトでは、この細菌は皮膚の小さな傷口や消化器系（炭疽病の動物の肉の摂取）から侵入、そして空気を介して侵入すると肺炎を引き起こす。たとえば、二〇〇一年、合衆国で芽胞が郵便で送られ、五人を死に導いた。実際、呼吸器系を侵す型は九〇％が致死性である。

【炭疽菌の三毒素】

炭疽菌はとくにPA（防御抗原）、EF（浮腫因子）、LF（致死因子）という三つのタンパクをコードするプラスミドを持ち、それぞれがPAとEF、PAとLFという具合にペアで結合する。PAは細胞上への結合とEFまたはLFの細胞内への取り込みを可能にしている。EFは環状アデノシン一リン酸の細胞内濃度を上昇させるアデニル酸シクラーゼで、大きな変調を生み出す。LFは分裂促進因子活性化タンパク質（MAP）キナーゼと呼ばれるタンパクを分解するプロテアーゼで、この場合もマクロファージの溶解のような結果に導く。

プラスミドは、細菌を取り囲みマクロファージによる食作用を妨げる莢膜もコードしている。

新興感染症

［ヘリコバクター・ピロリ］

らせん形のこの細菌は最近知られたもので、二〇〇五年にバリー・マーシャルとロビン・ウォレンにノーベル賞をもたらした。彼らは胃潰瘍の原因が、胃粘膜内で増殖し胃の強酸性に抵抗性を示す細菌であることを一九八二年に示したのである。したがって、潰瘍は胃の酸性を減少させる薬品ではなく、抗生物質療法で治療しなければならない。

ヒト集団の中では、この細菌はごくふつうに存在しているようである。ヒトの五〇％はピロリ菌の保菌者で、この細菌は五万八〇〇〇年前のホモ・サピエンスの胃にも検出された。潰瘍は、治療しなければ胃・十二指腸がんに進展することがあり、ピロリ菌はがんの原因として明確に同定された最初の細菌の一つである。

【ヘリコバクター・ピロリ】
ウレアーゼが尿素をアンモニアと二酸化炭素に変換することにより、ピロリ菌は胃環境の強い酸性に対抗してこのニッチにコロニーを形成できるようになる。しかし、これらの化合物は毒性を持ち、細菌に発現している他の因子とともに、ピロリ菌感染を特徴づける強い炎症を引き起こすことに寄与している。

[ボレリア・ブルグドルフェリ――ライム病]

ボレリア属もまた、らせん菌である。一〇〇年以上前にアメデー・ボレルにより発見されたが、ボレリア・ブルグドルフェリ種はライム病の原因菌として最近になって知られるようになった。自然のレゼルボア（病原巣）はシカやイノシシのような大型の哺乳類、そしておそらく他の動物であるが、他のボレリア症と同様、この病気は媒介動物であるダニやシラミの刺傷により引き起こされる。ライム病は良性の感染症ではない。一般に、刺傷の部分の赤い斑点で始まり、インフルエンザ様状態を経て、神経系の合併症、筋肉痛、ときに心臓痛が起こる。病気は抗生物質療法で治療されるが、かなり早く始められなければ細菌を完全に除去することは残念ながら難しいようである。少しふつうではない形態に加え、ボレリア属はいくつかの線形染色体の存在に特徴があり、精力的な研究対象となっている。

［レジオネラ］

フィラデルフィアのベルヴュー・ストラットフォードホテルに集まっていたアメリカ在郷軍人を侵した肺疾患の流行後、一九七七年にレジオネラ・ニューモフィラは発見された（Legion＝在郷軍人会）。四四〇〇人の参加者のうち、一八二人が重病となり、二九人が亡くなった。感染は参加者が泊まっていたホテルの空調システムによって広がった。その後、レジオネラ・ニューモフィラあるいは類似のレジオネラ属菌による他のいくつかの流行がパリとランス（Lens）で記録された。レジオネラ属菌は水中に存在し、給湯設備や空調システムに容易にコロニーを形成する。今では、これらの細菌はアメーバの中に存在して増殖できることが証明されている。肺内で生きているハルトマネラ・ヴェルミフォルミスのようなアメーバは、レジオネラ属菌を宿すことがある。抗生物質療法により治療がまだ可能であるにもかかわらず、患者の死亡率は比較的高い（一〇〜一五％）。

【レジオネラとＤｏｔ／Ｉｃｍ Ⅳ型分泌装置】
レジオネラは通性細胞内寄生菌で、生体内では肺胞マクロファージ内で生き残り、増殖する。これらの細胞内で細菌は、侵入時に細菌のまわりに細胞膜が陥入して形成される液胞内に存在している。

レジオネラはⅣ型分泌装置を持っている。すなわち、性質は異なるがⅢ型分泌装置と同程度に複雑で、細菌が感染細胞に直接エフェクター分子を通過させることを可能にする装置である。Ｄｏｃ／Ｉｃｍの名前を持つこの装置は、さまざまな役割を持つ一〇〇以上のタンパクを分泌する能力を細菌に与えている。

レジオネラのゲノム配列決定により、この細菌は、ふつうは真核細胞で見られる、たとえばユビキチンリガーゼのような一連のタンパクをコードしていることが明らかになった。

［クロストリジウム・ディフィシル］

クロストリジウム属には偏性嫌気性菌が集まっている。クロストリジウム・ディフィシルの名前は、ふつうの培養環境では増殖が非常に難しい〔＝difficile〕この細菌を分離するために、イヴァン・ホールとエリザベス・オトゥールが一九三五年に経験した大変な困難に由来している。クロストリジウム・ディフィシルは腸内微生物叢の一部になっている。これはとくに病院内で抗生物質療法を受けている患者の下痢のおもな原因菌であるが、それはこの細菌が大部分の抗生物質に耐性になっているからである。抗生物質による治療で乱れた腸内微生物叢でとくによく成長する。さらに、この細菌は芽胞を形成できるため、通常の消毒法に耐性があり、病院内で生存可能である。クロストリジウム・ディフィシル感染の罹患率は増え続けている。

発展途上国の病気

［ボツリヌス菌］

クロストリジウム・ディフィシルのように、ボツリヌス菌（クロストリジウム・ボツリヌム）は土壌の嫌気性菌で、とくにパスチャライゼーションのような低熱処理に耐性を持つ芽胞を産生する。パスチャライゼーションは、たとえば、低温殺菌牛乳の場合には一五秒という非常に短い間、食品を約七〇℃の温度に上げて処理する予防法である。この細菌は産生するボツリヌス毒素によって非常に重篤な病気を引き起こす。筋肉の痙攣の原因となる毒素を産生する破傷風菌（クロストリジウム・テタニ）とは対照的に、ボツリヌス菌は筋肉の収縮を抑制する毒素を産生し、全身性の痙性麻痺を誘導する。呼吸筋が麻痺すると死に至る。不適切に滅菌された缶詰のような食品が毒素を含んでいると、重篤な食中毒に至ることがあるが、今日ではかなり稀である。特定の病気（顔面痙攣など）の治療に使われているこの毒素は、皺の原因になっている筋肉を麻痺させることにより（悲しいかな）一時的な皺とり療法にも用いられている。これが有名なボトックスである。

［赤痢と熱帯諸国の下痢］

細菌性赤痢はおもに熱帯諸国を襲う下痢性疾患である。世界では年間数十万人を死に追いやるが、大部分は五歳以下の小児である。この病気は赤痢菌属のいくつかの種によって引き起こされる。フレキシネル赤痢菌は風土病の原因である。志賀赤痢菌は激しい伝染病の原因で、ソンネ赤痢菌はときに先進国における感染の原因となる。腸粘膜の著しい炎症が特徴で、抗生物質で治療されなければならない。予防的処置もまた、衛生条件の改善にかかっている。ワクチンの試験が進行中である。

【モデル細菌としてのフレキシネル赤痢菌】

リステリアとサルモネラとともに、赤痢菌は毒性の分子細胞基盤、そして宿主の防御を逃れる戦略に関して最もよく知られた細菌の一つである。

赤痢菌は大腸菌に非常に近いグラム陰性菌であるが、さらに毒性に関与する多くの遺伝子を持つプラスミドを持っている。この毒性プラスミドはⅢ型分泌装置の遺伝子、および細菌内部から直接真核細胞に向けて運ばれる多くのエフェクター分子の遺伝子を持ち、感染の過程に関与している。たとえば、細胞内への赤痢菌の侵入に関与するいくつかのタンパクは細胞骨格と相互作用し、哺乳類のタンパクを模倣する。他のタンパクは酵素活性を持ち、感染に対する宿主の反応を阻害する。赤痢菌の研究は、Nodと呼ばれる細胞内受容体に依存する自然免疫反応を起こす際に、ペプチドグリカンが果たす重要な役割を明らかにした。

第13章　病原菌の多様な戦略

一九八〇年代終わりから病原菌は熱心な研究の対象になり、病原菌が感染時に驚くほど多様な戦略を用いていることが明らかになってきた。膨れ上がるこれらの研究は、一連の新しい技術を利用した。実際には、ルイ・パスツールとロベルト・コッホ以後、病原菌の研究はとくに細菌を分離、分類し、感染した臓器と組織を同定することにより感染を記録し、培養上清〔細胞を培養液中で培養したあとに細胞成分を除いた液性の分画で、細胞が分泌した成分が含まれる〕とその潜在的な毒性成分、毒素を精製、分析し、動物〔マウスかモルモット〕あるいは培養細胞での試験が行われた。

分子生物学と細胞生物学の貢献

病原菌に関する研究と深い知見は、新しい研究分野である分子生物学あるいは遺伝子工学の出現により一九八〇年代に急成長した。ヴェルナー・アーバー、ダニエル・ネイサンズ、ハミルトン・スミスに一九七八年のノーベル賞をもたらした、染色体のＤＮＡを切断できる酵素である「制限酵素」の発見を、この分野は上手く利用した。

　こうして、感染したバクテリオファージのＤＮＡを切断するために細菌が産生する制限酵素は急速に商品化され、細菌のＤＮＡ断片、すなわち染色体の断片を分離し、それをプラスミドと呼ばれる微小染色体に導入し、その遺伝子機能を解析するために非病原菌にこれらの組み換え体プラスミドを導入することが始められた。

　感染過程に関する知見を爆発的に拡大させたもう一つの重要な歩みは、分子生物学の研究が細胞生物学のアプローチと組み合わされたときに起こった。一九八〇年代の終わりにかけて、還元主義的ではあるが感染を正確に解析するために、哺乳類の培養細胞が用いられ始めた。その当時、電子顕微鏡の倍率は一〇〇〇万倍に届き、光学顕微鏡は改良されたばかりであった。共焦点顕微鏡が出現し、細菌や細胞のさまざまな成分を認識できる蛍光成分で「染色された」いわゆる「標識された」細胞をレーザーで解析できるようになった。さらによいことに、ビデオ顕微鏡が使われ始め、哺乳類細胞への細菌感染をリアルタイムで観察できるようになった。これらの研究が細菌の行動の理解を助けたのと時を同じくして、それまでよくわかっていなかった哺乳類細胞内で起こる現象を、まったく新しいやり方で研究することが可能になった。実際、細菌は細胞そのものを解析するための手段を提供した。微生物学と細胞生物学のインターフェースにある新しいこの分野は「細胞微生物学」と呼ばれた。これによって、感染を可能にするために病原菌が強力で多様な大量の武器を配備し、宿主の防御を免れるために非常に複雑な戦略を展開していることが明らかになった。

細胞に接着するが、その中には入らない細菌

病原菌の振る舞いはそれぞれ異なる。出合った細胞に接着する細菌がある。選んだ場所で増殖し、そこでさまざまなタイプの毒素を産生し、それによって細胞を殺したり、見張りの細胞が大量に到着したりリクルートされてきたときに強力な炎症を引き起こして組織を破壊に導いたりする。しかしほとんど接着しない細胞外細菌の場合は、産生した毒素は生体内に拡散し、離れたところにある標的臓器にたどり着く。破傷風菌の場合がそうである。破傷風菌は破傷風毒素を産生し、それが中枢神経系に移動してシナプス伝達を混乱させ、麻痺を誘導する。コレラ毒素のような毒素は、腸内で影響を与えるすべての細胞を深刻な脱水に導く。さらにジフテリア毒素などは翻訳装置を変化させてタンパク合成を阻害し、それが細胞を死に導く。毒素はさまざまな様式で、細胞膜あるいは細胞内というような異なった標的に作用しうる。細胞成分を可逆的あるいは非可逆的に変化させたり、破壊したりする。毒素は細胞の成分を隔離することによって抑制因子の役割を持つこともあるが、同時に酵素のように作用して細胞成分を変化させることもある。

一つだけの毒素で病気を引き起こす細菌はほとんどない。感染と病気は一連の因子によって起こる。たとえば、腸管病原性大腸菌（ＥＰＥＣ）が腸粘膜に到達すると、まず腸の細胞内にTirタンパクを注入し、それが膜内に組み込まれて腸上皮表面における細菌の拠点の役割を果たす。ＥＰＥＣはこの場に強固に接着し、大砲のようなⅢ型分泌装置によって細胞内に一連のタンパクを注入し続け、これが感染細胞のいくつかの標的に作用することになる。これらの標的の中には、正常時には腸絨毛の維持

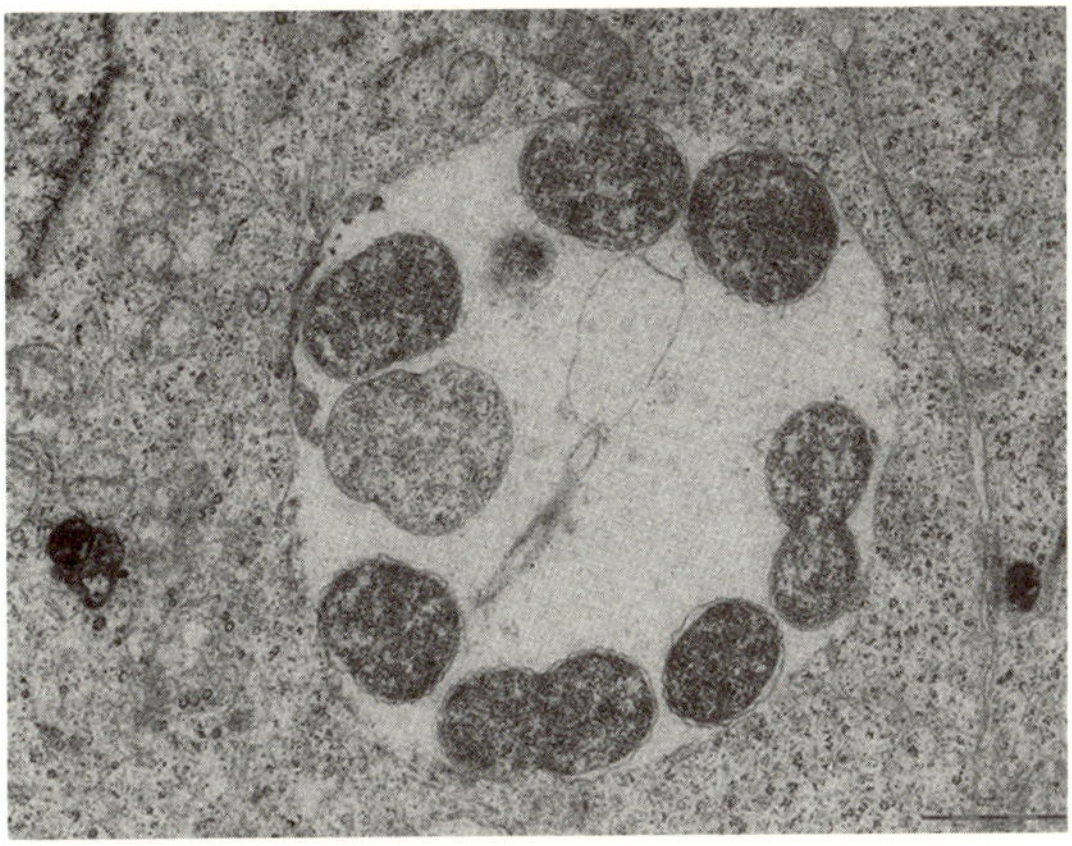

図17　**ヒト細胞内に細菌が侵入後に形成された液胞内のクラミジア菌．**分裂中の細菌もある．

にきわめて重要なものがある。ＥＰＥＣにより引き起こされる胃腸炎の過程では、これらの絨毛は消失して腸障壁の破壊は深刻になる。

Ⅲ型分泌装置は多くの病原菌で用いられているが、注入されるタンパクとその標的は細菌によって異なる。仮性結核菌の場合、Ⅲ型分泌装置はマクロファージ内に酵素を注入して、正常では侵入生物の根絶に関与するマクロファージが侵入生物を飲み込めないようにしている。これらのタンパクは「抗食作用」タンパクと呼ばれている。

サルモネラと赤痢菌がⅢ型分泌装置によって感染細胞内に注入するタンパクは、細胞骨格あるいは膜といった細胞の構造成分に作用して細胞に障害を与える。さらに、細胞と近傍の細胞との相互作用の均衡を完全に乱す毒を吐き続ける細菌を、細胞に強制的に「内部化」させる。クラミジアのⅢ型分泌装置によって産生されるタンパクの役割はまだよく知られていない（図17）。

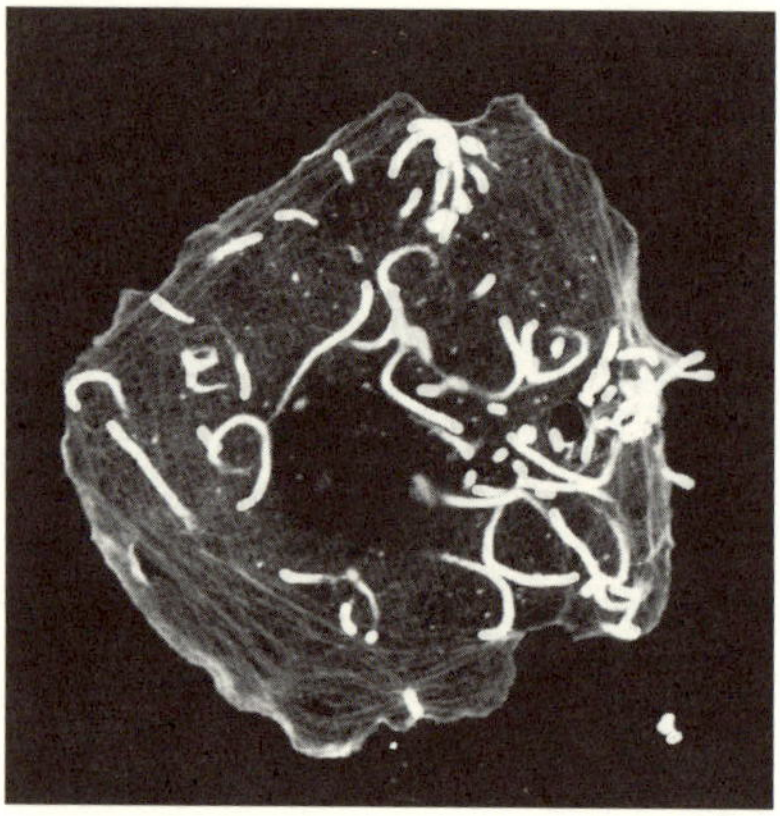

図18　**リステリア菌に感染した細胞とアクチンコメット**．哺乳類の細胞内に入ったリステリア菌はアクチンを集め，後極で重合する．この写真では，細菌は蛍光抗リステリア抗体で視覚化され，アクチンは特異的な標識（FITC-ファロイジン）によって検出された．

Ⅲ型分泌装置のように、細胞の大砲あるいは細胞を乗っ取るナノマシンとして作用するいくつかの他の分泌装置が存在する。その中には、レジオネラによって使われているⅣ型分泌装置、あるいは細菌間の闘いですでに触れたⅥ型分泌装置がある。

侵襲性細菌

リステリア菌のような細菌はⅢ型分泌装置を持っていないが、細胞内に入ることができる(図18)。そして細胞内にあるすべての栄養素を盗み取り、活発に増殖する。細胞内に容易に侵入するこの性質は、インターナリンA、Bという二つのタンパクに起因している。これらのタンパクは細菌表面に存在し、真核細胞表面に存在するタンパク受容体と相互作用するが、この受容体は通常は別の機能を持っている。この乗っ取りにより、リステリア菌は宿主の腸管壁関門、胎盤関門、血液脳関門を越えることができるようになる。実際にリステリア菌は腸細胞内に入り、それから血流に乗って体内に拡散する。腸細胞はインターナリンAの受容体を均等には発現していないが、細菌は腸絨毛の先端のような接近しやすい場所を見つけることに成功する。そこには、絨毛底部で生まれた後、そこから一週間かけて移動してきた腸細胞があり、寿命を迎えるとアポトーシス後に剝脱する。その後そこには、リステリア菌と非常に親和的に接着する受容体分子E－カドヘリンが発現し、リステリア菌は生体への入り口となるところに容易に侵入できるようになる。また、リステリア菌は粘液を分泌する細胞からも侵入するが、その細胞は粘液を分泌することによりリステリア菌が結合するE－カドヘリンを露出させるからである。

リステリア菌は魅力的な細菌である。一度細胞内に入ると細胞のアクチン（細胞の形態と可塑性に関与する細胞の成分）をリクルートし、それを重合して細菌の一極に長い繊維を形成し、アクチンコメット（彗星）とでも言うべきものを作り上げるからである。これは細菌を驚くべき力で前進させ、細胞内膜を変形させ、隣接細胞に移動することを可能にしている。リステリア菌はこのように細胞から細胞に移動し、抗体のような抗細菌成分を免れる（図18）。

アクチンを利用したリステリアの運動性には驚くべきものがある。細菌は一分間に一〇ミクロン、すなわち五分で哺乳類の細胞を横断する。この発見により、我々の細胞の動きを分子レベルで理解することが可能になった。細胞内にあるとき、リステリアは宿主の細胞タンパクを摸倣するActAタンパクを表面に発現し、細胞の変形や移動を可能にしている細胞装置を乗っ取っている。ActA細菌タンパクは、これまで正確な役割がわからなかったが、その研究は、細胞の基本的なメカニズムの変調ががんや転移の形成を招くという理解を可能にした。感染の研究が細胞生物学のような他の領域での予期せぬ発見に結びついた例は多数あるが、ActAはその一つである。

感染細胞内では、細菌は栄養を摂って分裂し、場合によっては細胞の多くの防御メカニズムから護られ、一つの細胞からもう一つの細胞に移動できる。乗っ取りのメカニズムに関する最近の発見の中では、細菌が感染細胞の核内に「ヌクレオモジュリン」と呼ばれるタンパクを注入し、それが核内で文字通り細胞をプログラムし直すメカニズムに言及しなければならない。真核細胞の核は、細胞のDNAとそれに関連するタンパクから構成される染色体（ヒトでは四六ある）を持っている。染色体は非常に緻密な構造であるクロマチンを形成しているが、部位と時間によっては弛緩する。これらの領域が非常に緻密な時にはヘテロクロマチン、弛緩して転写に関与する構成要素と酵素がアクセスできるようになるとユークロマチンと呼ばれる。ヌクレオソームが離れている時にはクロマチンはより弛緩している。クロマチンはその構成要素であるヌクレオソームが相互に近接している時は緻密である。ヌクレオソームが離れている時にはクロマチンはより弛緩している。核内に入り、クロマチン構造をいろいろに変化させ、その結果、細胞の転写を変質させることができるタンパクを分泌する細菌があることが発見された。これらのタンパクはヌクレオモジュリンと呼ばれる。たとえば、ヌクレオソームの構造に必須の構成成分であるヒストンを修飾する細菌タンパクがそれである。他のヌクレオモジュリンはクロマチン複合体の構造を変化させ、やはり転写に影響を与える。

したがって、現在問われている一つの大きな問題は、病原体が誘導するクロマチンの変化は、ゲノム配列ではコードされていないためエピジェネティックとされているが、それは細胞に細菌がいなくなっても存在し続けるのかということである。それは、細胞が過去の感染の記憶を保持し、同一あるいは類似の感染を防ぐために、いわばあらかじめ活性化されることを意味するだろう。このような仮説は現在いくつかの研究室で検証されている。

ジェノミクスの貢献

感染の生物学における近年の進歩は、他の分野以上ではないとしても同じ程度にはゲノムの知見、すなわちジェノミクスの進歩の恩恵を受けた。完全に塩基配列が決定された最初の細菌ゲノムは、一九九五年に行われた小児の気管支肺感染症と中耳炎の原因菌であるインフルエンザ菌のゲノムであった。これはクレイグ・ヴェンターによって創設されたゲノム科学研究所で行われた。その後、他の細菌ゲノムの塩基配列が決定された。現時点では、最初のシークエンシング時に比べると非常に短時間(数か月が数日になった)で一つのゲノムのシークエンシングが行われ、費用もゲノムあたり数百万ユーロから一〇〇〇ユーロ以下になり、金のかかる計画ではまったくなくなっている。

ゲノムに関する知見は、古典的な遺伝学に基づくものとはまったく異なる「ポストゲノム」研究を可能にした。たとえば、非侵襲性の変異細菌を探し、変異を同定、解析し、それからその性質(表現型)の原因と変異の分子基盤を理解しようとする代わりに、現在では遺伝子を変異させ、その変異体の性質を解析することによって遺伝子の機能を研究している。これが逆遺伝学と呼ばれるものである。

また、比較ポストゲノム研究も可能である。一つの病原菌のゲノムを近縁の非病原菌のゲノムと比較することにより、感染の潜在的原因になる遺伝子を同定することができる。それがリステリア菌のゲノムで行われたことで、リステリア・モノサイトゲネスのゲノムがリステリア・イノキュア（非病原性）のゲノムと同時にシークエンスされたのである。シークエンス技術を用いて、同じ細菌の異なる株で見られるすべてのマイナーな変異を調べることによって、なぜある株が他のものよりも伝染性があるのか、あるいは長期間持続する感染の経過中、一つの細菌ゲノムが変異を伴っているのかどうかも知ることができる。現在の多くの研究は感染の持続性に向けられている。

つまり、分子生物学から遺伝学、細胞生物学からあらゆる種類のイメージング技術、そしてもちろん忘れてならないジェノミクスという新技術の組み合わせを用いることにより、病原菌が用いている非常に多くの戦略が明らかにされたのである。細胞微生物学は感染に対する我々の見方に革命を起こしたが、もう一つの革命が進行中であることは明らかである。それは、我々の体のさまざまな部位に存在するすべての微生物叢が感染において果たしている役割を理解し、細菌集団における種々の細菌それぞれの役割を同定し、さらに、培養細胞を感染させることによって引き出された結論の妥当性を、動物全体のレベルで評価することを可能にするものである。

【病原性遺伝子の最初のクローニング】

仮性結核菌のインベイシン

仮性結核菌が哺乳類の細胞内に侵入できることは知られていた。仮性結核菌の侵入遺伝子を同定するために、DNAが分離、精製され、制限酵素によって断片に切断された。その断片はプラスミドに挿入され、その後モデル細菌である大腸菌に導入された。

三キロベースの断片を持つプラスミドによって形質転換された細菌の一つが、培養哺乳類細胞に侵入できるようになった。この実験によって、染色体の一つの断片上に細菌が細胞内に入ることを可能にするタンパクをコードする遺伝子があることが明らかになった。このタンパクはインベイシンと呼ばれた。

ネズミチフス菌の侵入遺伝子

ネズミチフス菌もまた、哺乳類細胞内に侵入できることが知られていた。その侵入遺伝子を同定するために、そのDNAが分離、精製され、制限酵素によりかなり大きな断片に切断された。その断片はプラスミドに挿入され、それがモデル細菌である大腸菌に導入された。サルモネラ由来の四〇キロベース*の大きな断片を持つプラスミドにより形質転換された細菌の一つが、培養哺乳類細胞内に侵入できるようになった。より小さな断片を持つ細菌は細胞内に入ることはなかった。この実験によって、サルモネラ菌が細胞内に入ることを可能にしているタンパクをコードする一連の遺伝子が染色体の大きな断片上にあることが明らかにされた。今では細胞内への侵入に関与する遺伝子の集合は「病原性遺伝子島」と呼ばれている。

強調されなければならないのは、仮性結核菌とネズミチフス菌が分子生物学の発展を可能にした大腸菌にかなり近い細菌であるため、これらのクローニング実験が容易であったという点である。しかし、このタイプの分子クローニング実験は、多少の困難を伴いながらも重い病気の原因となるすべての細菌の研究に用いられ始め、これらの細菌の病原性因子の同定に大きな進歩をもたらした。

＊一キロベースのDNA断片は、一〇〇〇塩基対、あるいは一〇〇〇ヌクレオチド対を含む断片である。

第14章　昆虫とその病原菌

昆虫は地上で最も多様性のある動物群である。一〇〇万種以上を数え、それは他のすべての動物の種の合計よりも多い。昆虫はウイルス、細菌、真菌、寄生虫に感染するが、感染のメカニズムについてはまだほとんど知られていない。初期の研究は経済的な理由で活発になった。たとえばパスツールはカイコに興味を持ち、一八六五年にカイコに感染する寄生虫を同定した。これはカイコの血リンパ中にあり、生殖細胞に感染するために代々垂直に伝播される微胞子虫であった。

最近では、ハチを侵す病気が非常に恐れられている。とくに、メリソコッカス・プルトニウスが蜂の幼虫を侵す「ヨーロッパ腐蛆病」と、パエニバシラス・ラルヴェによる「アメリカ腐蛆病」である。蜂群崩壊症候群と呼ばれたものは細菌だけによるのではなく、微生物と環境の要因の組み合わせに起因している。

しかし、昆虫と微生物の間の相互作用に関する研究への関心を回復させたのは、昆虫が多くの病原菌を運ぶことができるという最近の認識である。昆虫は長い間、その表面や吐出、排泄を介して微生物を媒介できる受動的な媒介動物であると信じられてきた。しかし、状況はずっと複雑でそれぞれの昆虫によって異なり、昆虫によって伝搬される感染症から身を護るためにはさらに詳細な知識を得ることが重要であると今日では考えられている。多くの重要な研究はショウジョウバエで行われており、この動物におけるブリュノ・ルメートルとジュール・ホフマンのグループの研究は、自然免疫の一般原理の発見と二〇一一年のノーベル賞につながった。自然免疫という言葉は、多くの病原菌には存在するが人体には発現していないペプチドグリカンのような成分を、生体が認識するメカニズムを表すために使われる。この認識は防御の最前線を構成する非特異的な防御メカニズムを刺激し、その後に、高等生物にはあるが昆虫にはない獲得免疫というより特異的な防御メカニズムが作動する。

昆虫は非常に多様なニッチに存在し、非常に多くの細菌と相互作用して、一般には相互にとって有益な共存である単純な共生から本当の病気に至るまでの関係を確立する。ショウジョウバエはエルウィニア・カロトボラ、シュードモナス・エントモフィラ、セラチア・マルセッセンスのような細菌に感染することがある。昆虫のおもな感染経路は汚染された栄養物の摂取のようである。

昆虫はいくつかの防衛線を持っている。まず、保護役のクチクラ〔角皮〕である。しかし、細菌は傷から侵入したり、蠕虫や線虫を介して口、肛門、気門（昆虫は肺を持っておらず、気門は体表に配置された孔である）を通して昆虫体内に侵入したりできる。後者の例は線虫に共生する細菌による感染で、このような感染はフォトラブドゥスとゼノラブドゥスで記録があるのみである。これら二つの細菌は線虫の腸に症状を示すことなくコロニーを作る。細菌が解放されて増殖するのは、線虫が昆虫の血リンパに侵入したときだけである。細菌は宿主の生体防御と闘い、宿主は最後には死ぬことになるのだが、線虫はその死骸から栄養を摂取する。また、ボルバキアの例で前述したように、細菌は雌性配偶子によって「垂直に」伝播される。

病原菌が昆虫を殺す方法はよくわかっていない。免疫系との闘いが細菌の生存と増殖を可能にするために不可欠であることは知られている。ある細菌は特異的な毒素を産生することが知られ、その中で最もよく知られているのは昆虫の腸細胞を破壊するバチルス・チューリンゲンシスの毒素である。リパーゼ、プロテアーゼ、ヘモリシンのような酵素が、感染の過程で役割を担っているようである。さらに、いくつかの昆虫病原菌は、毒性を持つ二次的な代謝産物を産生する。

結局、昆虫の感染も、他の動物の場合のように諸要因の組み合わせの結果である。とくに、宿主の初期防御に対する抵抗性や問題の細菌に特異的ないくつかの因子に対する抵抗性である。多くの昆虫は植物の受粉におけるように非常に有益な役割を担っているので、昆虫の生理と病原菌に対する防御システムをよりよく知ることが強く望まれる。

第15章　植物とその病原菌

陸上植物の世界にもまた病気があり、細菌が引き起こすのはその一部である。その中で最も深刻なのは、真菌によるものである。

細菌は、植物自身の開口部、草食性の昆虫や他の自然の出来事による傷などさまざまな部位から植物内に侵入して、多様な症状を生み出す。それは、限局した壊死と葉焼けをともなう斑点病から、細菌の急激な増殖と組織の壊死による軟腐病、特定の細胞の無秩序な増殖をともなう虫瘤と呼ばれる腫瘍、一般には組織内での細菌増殖による萎凋病に及ぶ。

植物の病気による経済的な影響は甚大である。カンキツ潰瘍病菌によるカンキツ類の細菌性潰瘍病は合衆国とブラジルで数百万の樹木の損失を招いた。ピアス病菌によるピアス病は合衆国のいくつかの地域のブドウ栽培に影響を与えている。この細菌あるいはこの種に属する細菌は、現在イタリア南部のとくにプーリア州の多くのオリーブの木に感染してこれを破壊しており、この地域にとって文字通りの経済的大惨事となっている。ピアス病菌のこの株はブドウ畑には影響を与えないようである。これはアワフキムシという昆虫によって運ばれ、その腸内腔にバイオフィルムを形成し、吐出によってふたたび植物内に持ち込まれる。

植物病原菌の大部分は、アシドヴォラックス、アグロバクテリウム、バークホルデリア、クラヴィバクター、エルウィニア、パントエア、ペクトバクテリウム、シュードモナス、ラルストニア、ストレプトマイセス、キサントモナス、キシレラ、ファイトプラズマ、スパイロプラズマの属に入っている。

多くの植物病原菌は動物とヒトの病原菌と非常によく似た戦略を用いている。たとえばエルシニア、サルモネラ、赤痢菌が宿主細胞内にエフェクタータンパクを注入（そして、それによって細胞内に細菌を侵入）できるようにしているⅢ型分泌装置は青枯病菌でも使われ、植物細胞内に数十のエフェクター分子を注入する。それに対応して、植物は動物の免疫系と何らかの相同性を持つ防御システムを利用している。感染のこの側面については、ここでは議論しない。

アグロバクテリウムと遺伝子組み換え生物

アグロバクテリウム・ツメファシエンスは、その名前が示すように、植物、とくに樹木に腫瘍を引き起こす。その特徴は腫瘍誘発プラスミド（Tiプラスミド）を持つことである。一度植物の細胞と接触すると、細菌はこのプラスミドの断片T-DNAを核に向けて注入する能力があり、それが核でゲノムに組み込まれる。その後このT-DNAが発現して植物の成長ホルモンであるオーキシンとサイトカイニンの合成が促されると、それが感染した植物細胞の無秩序な増殖を引き起こし、腫瘍が形成される。それはまた植物にオパインと呼ばれる成分を産生させ、アグロバクテリウムは腫瘍誘発プラスミドの遺伝子にコードされたタンパクを使ってオパインを自分のために利用する。

アグロバクテリウムとくに腫瘍誘発プラスミドは多くの遺伝子操作の基礎となり、いくつかの栽培植物を非選択的除草剤に対して抵抗性にしたり、バチルス・チューリンゲンシスの毒素の産生能を与えて植物を特定の昆虫に耐性にすることを可能にした。外来遺伝子を持つこれらの植物は遺伝子組み換え生物である。

植物病原菌との闘いはどのように行われているのだろうか。たとえば、銅の噴霧のような薬品散布が行われたが、銅に耐性となる細菌があった。抗生物質は多くの国で禁じられているが、たとえば、ベルギーの「火傷病」のような例外がある。火傷病はエルウィニア・アミロヴォラが原因で、リンゴ、ナシ、マルメロ、サンザシなどに危害を加え、植物を死に導く。大部分のケースでは、蝕まれた部分すべてを切断して焼却することが勧められている。

植物と昆虫の病原菌

栽培植物の病原菌ファイトプラズマは、ヒトや動物の病原体であるマイコプラズマに近い細胞壁を持たない小さな細菌で、昆虫の媒介によって伝播し、その拡散と生存を昆虫に依存している。これは自然の中の自由な状態では決して見られない必須共生である。これらの細菌は世界のいたるところで作物の収穫に深刻な損失をもたらしている。ファイトプラズマは植物においては細胞内で増殖するが、昆虫では細胞外でも増殖する。昆虫内では、ファイトプラズマは腸に侵入してそこを通り抜け、唾液腺にたどりつく。昆虫が植物の篩部（樹液を輸送する組織）で栄養を摂るとき、細菌はその中に引き込まれる。植物における症状は一週間ほどで現れるが、ファイトプラズマの株と植物の種類によっては六〜二四か月とさらに時間がかかることがある。植物でも昆虫でもファイトプラズマの潜伏期間は長く、そのため感染の流行はしばしば、収穫の直前など、手遅れになってから判明する。こうして感染の拡大が助長される。感染していない昆虫が感染した植物の樹液から栄養を摂る場合、その昆虫は栄養を摂ったあと七〜八〇日の間に植物を再度感染させることになるだろう。ファイトプラズマの宿主域は広い。

一つのファイトプラズマがとくによく研究されてきた。ヨコバイが媒介するアスター萎黄病ファイトプラズマである。ファイトプラズマは植物の病原菌であるが、特定の場合に限り昆虫も侵し、昆虫の繁殖性を増したり、飛翔行動や植物に対する嗜好に影響を与えることがある。また、他のヨコバイの宿主になるように植物を操作することもある。

二つのファイトプラズマのゲノム配列が決定された。それらは昆虫の他のすべての共生生物のゲノムと同様に小さく、多くの遺伝子、とくに細胞壁の合成に関わる遺伝子を喪失していたことが明らかになった。

ファイトプラズマの媒介動物となる昆虫は寒冷に弱い。ということは、地球温暖化が媒介動物と細菌のさらなる増殖を可能にするかもしれない。つまり、ファイトプラズマの感染が今後数年間で増大する危険性がある。ファイトプラズマは植物の成長の妨害を示唆する症状を引き起こす。典型的な症状は、天狗巣病（魔女のほうき）、枝の集合、葉化病（花が葉の状態に戻り、茎が赤くなり、篩部が壊死に陥る）である。

細菌はタンパクを分泌し、拡散する。その中には細胞の核にまで達するものがあり、転写因子と相互作用して植物ホルモンであるジャスモン酸類の産生を抑制して宿主の防御を弱め、昆虫の産卵を促進する。植物の核にまで達する細菌のエフェクター分子は他にも存在する。それはキサントモナスのエフェクターであるＴＡＬＥ（transcription activator-like effectors）タンパクで、植物の黄化病と萎凋病を誘導する。シロイヌナズナでは、感染した花は花弁が緑になる。

有機農業と食糧に対する関心が高まるにつれて、植物とその病気、病気の媒介動物に対する研究が活発になっている。

第16章　感染に対する新しい見方

感染症の遺伝子理論

特定の病原体（細菌や他の微生物）に暴露されても一部の人しか病気を発症せず、重症度も個人によって変わってくる。それは病気の原因となる病原体の種における変化（ある細菌株の中には流行するクローンがあることが知られている）、環境因子、あるいは感染した個体の遺伝子の変化に起因しているのかもしれない。

もし感染症が間違いなく病原体によっているのであれば、我々は病気を前にして平等ではなく、パスツールが言ったように、「場」も一つの役割を演じていることは明らかである。『感染症の誕生、生、そして死』（*Naissance, vie et mort des maladies infectieuses*）の著者であるルーアン出身の有名な医者シャルル・ニコルは、不顕性感染の最初の例を発見した（一九一一～一九一七年）。したがって大きな問題となるのは、感染集団に見られる臨床的不均質性の基礎は何かを知ることである。感染症の遺伝子理論は、遺伝子の変化が感染症に対する素因あるいは抵抗性を決めるとしている。

一九二〇〜一九五〇年代の遺伝学的疫学データが、遺伝学的素因が感染症の決定に役割を担っていることを示してこの理論の最初の基礎を築いた。分子レベルで見ると、これらの病気の複雑な遺伝学（一つの普通の感染症にはいくつもの素因遺伝子がある）は、マラリアに対する抵抗性が鎌状赤血球症により付与されるという一九五四年の発見とともに生まれた。鎌状赤血球症はヘモグロビン〔赤血球中のタンパクで酸素と結合する〕のサブユニットをコードする遺伝子の変異によって起こる。それにより赤血球はマラリア原虫の正常な増殖を妨げる鎌状の形態を取り、その結果、原虫は感染を引き起こさない。

単一遺伝子欠損による感染症は稀だが、いくつかの例がある。感染症のメンデル遺伝学は、一九五二年、小児において気道あるいは食事を介して細菌感染を繰り返し起こす、X染色体に連鎖して劣性遺伝をする無ガンマグロブリン血症の発見とともに生まれた。これらの小児の免疫学的欠陥は一つのキナーゼ（ブルトン型チロシンキナーゼ）をコードする遺伝子の変異によるもので、Bリンパ球の成熟を妨げ、その活性も阻害する。その後、特定のヒト遺伝子が特異的な感染症に対して脆弱性や抵抗性を付与することが明らかになった。

たとえば、ジャン・ローラン・カザノヴァのグループは、BCGワクチンによる感染症であるBCG炎に関与する六個以上の遺伝子を同定した。感染した小児は、サルモネラ属を除けば、他の病原体には感受性がないように見える。最初に同定された変異は、免疫に関与する遺伝子、とくにマイコバクテリウム属とサルモネラ属に対する宿主の防御を左右するシグナル伝達経路、すなわちインターロイキン12／インターフェロンγ経路に関与する遺伝子に悪影響を与えた。

侵襲性肺炎球菌感染症とヘルペス脳炎のような小児の他の感染症を対象にした研究により、遺伝的変異の重要性が明らかになった。細菌と同様、ヒトにおける非常に小さな変異が感染のレベルでは大きな差を生み出すことがある。ただ一つの変異が深刻な結果につながることがある。

リスクのグローバル化に対する保健衛生の安全保障

世界保健機関（WHO）と世界動物保健機関（OIE）が推進するワン・ヘルス・イニシアティヴ（One Health Initiative）の理念は、最近の感染症流行の過程で、世界的に増大する保健衛生リスク、および病原体の進化と出現におけるヒト・動物・生態系のインターフェースの重要性の認識に至ったことから生まれた。それはヒトの健康、動物の健康、環境の管理の研究において協力を強化する必要性を示すものであった。医師、獣医師、環境問題研究者は協力して働かなければならないのである。

事実、その存在が知られているヒト感染症の六〇%、ヒト新興感染症の七五%は動物由来である。さらに、バイオテロリズムに用いることのできる病原体の八〇%は動物由来の病原菌である。それが食事や媒介動物からであれ、単なる接触によるものであれ、種間の伝播の可能性は高く、動物の健康とヒトの健康の分野間の共同作業が必要になる。

移動の流れ、生態系の変化（森林伐採、都市化）、そして地球温暖化が新しい病気の出現の原因になっている。同様に、製造や飼育方法の変化が病原体の伝播を助長している。それと同時に、微生物とその媒介動物は適応して耐性となる。さらに、多くの病原体は環境中のニッチが乱されたとき、人間に脅威を与えることが明らかになっている。したがって生物多様性は、病気、とくに媒介動物によって伝播する病気に対して重要な障壁を構成している。なぜなら、不均衡に陥った生態系は病原体を運ぶ種の増殖を生み出したり、ヒトをさらに攻撃するように病原体を誘導したりすることがあるからである。

そのうえ、非常に伝染性の強い動物の病気は惨憺たる経済的な帰結をもたらすことがある。同様に、植物に害になる生物は、農業生産の低下と毒素やアレルゲンの存在によって、食品の安全と公衆衛生にネガティブな効果を及ぼす。したがって、生態系の保全および動物の病気と作物の害虫の制御は、世界の食料安全保障にとって極めて重要である。

このように少し考えてみると、ヒトの健康、動物の健康、食料安全保障、環境モニタリングに対する監視ネットワークの間に、連携を促進する必要があることが明らかになる。当然のことながら、この連携は国際的に行われなければならない。ワン・ヘルスの理念は、個人的な状況にかかわらず、すべての人の健康を国際的目標に掲げる、グローバル・ヘルス（国際保健）という近年生まれた理念と合致している。

第Ⅳ部　細菌はツールである

第17章　研究ツールの源泉としての細菌

細菌に特異的な性質、生き残りのメカニズム、細菌が生息し増殖する環境で、細菌がいかにして最大限の資源を獲得しているのかを解明する基礎研究からは、ときに非常に重要で予期せぬ影響を及ぼす目覚ましい発見が生まれた。ペニシリンの偶然の発見とCRISPR／Cas9システムに基づくゲノム編集の技術については言及したが、他にもたくさんある。ここではとくに象徴的ないくつかに限って言及したい。

制限酵素

細菌はCRISPRシステムを利用して、二度目に出合う侵略者（とくにバクテリオファージというウイルス）から自らを護ることができる。しかしCRISPRがない場合、あるいは最初の出合いのときには、細菌はDNAを切断するタンパクである制限酵素を利用して、ウイルスがファージDNAを細菌内に注入するとすぐにこれを切断する。このDNAは、細菌の制限酵素が認識する特異的な配列、すなわち制限部位で切断され、不活化される。

産生する酵素から自らを護るために、細菌は修飾酵素を使って制限部位と同一配列の自らのＤＮＡを修飾する。個々の細菌種は侵略者ＤＮＡを、特異的な配列で切断する。たとえば、大腸菌の制限酵素ＥｃｏRIは侵略者のファージＤＮＡをＧＡＡＴＴＣ配列で切断する。この配列は大腸菌RI株ではメチラーゼによって二番目の塩基Ａが修飾され（ＧＡ*ＡＴＴＣ）、酵素ＥｃｏRIでは切断されないようになっている。この配列、すなわちＥｃｏRI部位は比較的頻度が高いので、ファージがこの細菌に感染する機会は非常に減少する。

他の例として、インフルエンザ菌は酵素ＨｉｎｄⅢを産生する。バチルス・アミロリケファシエンスの制限酵素はＧＧＡＴＣＣで切断する。もちろん、制限修飾系は一〇〇％有効なわけではないので、ウイルスが多くの細菌を殺すこともある。他方、前述したように、多くの細菌はＣＲＩＳＰＲシステムも持ち、ファージとの出合いを記憶にとどめ、後代でふたたび侵略者が現れればそれを攻撃する。

制限酵素が発見されたときには、研究者は対応する細菌の培養からそれを精製せざるをえなかった。こんにちでは多くの会社がこれを商品化し、非常に大きな市場を持っている。数百の制限酵素が知られており、それはきわめて多様な認識配列を持ち、さまざまな条件で機能する。イエローストーン国立公園の間欠泉のような熱水泉に見られる好熱菌に由来する制限酵素は、非常な高温で二本鎖ＤＮＡを切断できる。今では制限酵素は、実験室で遺伝子を分離、クローン化して解析するために日常的に使われている。また、成長ホルモンやインスリンのようなホルモン、あるいは研究や多様な目的に応用される種々のタンパクを産生するために、細菌の中に発現させたい真核細胞遺伝子をクローン化する際にも制限酵素は使われている。

ポリメラーゼ連鎖反応

ポリメラーゼ連鎖反応（ＰＣＲ）は非常に少量のＤＮＡからそのＤＮＡ断片を増幅し、検出を可能にする技術である。これを用いることにより、患者の血液中や脳脊髄液中におけるウイルス、細菌、寄生虫の存在を確認できる。食品中の微生物の存在、あるいは食品、栽培作物、他のすべての製品における遺伝子組み換え作物の存在を示すＤＮＡの痕跡、そしてもちろん犯罪捜査においてはＤＮＡの痕跡も検出できる。

法医学は日常的にＰＣＲ法に基づいており、それによって当局にすでに知られている人物を同定、検索するだけではなく、容疑者の中から犯人を同定している。

ＰＣＲ法は一九九〇年代以降、ヒトの遺体や遺骨の細菌ＤＮＡを検出することを目指す「古微生物学」（paleomicrobiology）または「考古微生物学」（archaeomicrobiology）という分野を生み出した。いくつかの研究は結核やペストのような重病の原因菌の検出に焦点を合わせた。これらの研究により、たとえばユスティニアヌスの疫病〔六世紀の黒死病〕で猛威を振るった細菌がペスト菌（*Yersinia pestis*）であることを明確に特定できた。

細菌と光遺伝学

光は多くの原核生物（アーキアや真正細菌、とくに海洋細菌）が採り入れて使っており、走光性（光に応じる運動の制御で、引き付けられる場合にはポジティブ、反発がある場合にはネガティブと言う）のような生き残りのさまざまなメカニズムに関与している。光を採り入れる過程に関与するタンパクのカテゴリの一つはオプシンと呼ばれる七回膜貫通型のタンパク質部分と光感受性のレチナールから構成されるロドプシンファミリーで、細菌ではバクテリオロドプシンと呼ばれる。

オプシンファミリーの作動様式、とくにバクテリオロドプシンの働きが理解されることによって、ニューロンのような正常では光に非感受性の細胞の研究のためにそれらが使われるようになり、細胞内における生化学的な出来事を制御するために光を使用する光遺伝学と呼ばれる新しい技術が生まれた。あらかじめ必要になるステップは、もちろん解析すべきニューロンの亜集団にオプシンを導入することだが、それはウイルスを使って行われたり、ニューロンで特異的に活性化されるプロモーターの制御下にロドプシンを発現している遺伝子改変マウスを用いて行われる。ニューロンにとって受容可能な波長に対して、ロドプシンは非常に速く（ミリ秒単位で）反応する。光の焦点を合わせることができる光ファイバーや他の手段で脳を照射することにより、ロドプシンを発現しているニューロンだけが活性化されたり抑制されたりする。この光遺伝学という新しい技術によって、不安や薬物中毒における特定の細胞の役割を明らかにしたことを含め、大きな進歩が可能になった。実際にこの技術は他の多くの体細胞にも応用され、たくさんの生理学的現象の理解を可能にするであろう。

しかし、光遺伝学に基づく実験で現在使われているのは細菌のロドプシンではないということに注意したい。

CRISPR／Cas9革命

ゲノム編集のためのCRISPR／Cas9法を語るとき、我々はなぜ革命と言うのだろうか。なぜなら、この方法は容易に行うことができ、迅速で、費用もかからず、有効だからである。その上、どんなものにも適用できる。これはすべての生物において同一の原理に基づいている。すなわち、Cas9タンパクと、部位を認識してCas9タンパクをそこに誘導するRNA成分を細胞内へ導入すると、ヌクレアーゼであるCas9はDNAを切断して欠失変異だけではなく挿入変異を生み出す。遺伝子の活性化や遺伝子の視覚化のような他の応用も可能である。

これらのゲノム編集を応用する道は多数あり、基礎生物学からバイオテクノロジーや医学にまで及んでいる。実際にすでに行われ始めているが、生理学的欠陥や病気に関連することが知られている遺伝子変異やエピジェネティックな変異体を細胞やモデル動物で作ることができるだろう。植物における正確な操作（たとえば、小麦のような重要な穀物の操作）は悪環境や感染症に対する抵抗性を与え、外来DNAをまったく導入することなく食料安全保障を高めることになる。

また、エタノールを産生するに至る新しい代謝経路を作ることができれば、藻類やトウモロコシにエタノールを作らせることにより、新しいバイオ燃料の生産を促進することも計画できるだろう。さらに、遺伝子変異やエピジェネティックな変化によって侵された体組織に作用する遺伝子治療も計画できる。さらに、CRISPR／Cas9法は医薬品や医薬品の前駆体を大量に作ることができる細菌を生み出すことも可能にするだろう。

ツールを提供するため、あるいは多くの場合は編集された細胞、細菌、動物の完成品を提供するためにこの技術に殺到した多数のベンチャー企業は、これらの潜在的な応用法のいずれも見逃さなかった。それまでにメガヌクレアーゼ、ジンクフィンガーヌクレアーゼ、あるいはカンキツ潰瘍病菌に由来するTALEタンパクを用いて確立された技術はあっという間にCRISPRに取って代わられつつある。すでに多くのヒト細胞やマウス、ゼブラフィッシュ、ショウジョウバエ、ラット、ウサギ、カエル、カイコ、米、モロコシ、タバコ、オランダガラシ、酵母、細菌などで、CRISPRは利用されるようになっている。

現時点での研究努力は、ヌクレアーゼとガイドRNAを最も効果的に導入する方法や望まない部位での変異を避ける方法に向けられている。また、ガイドRNAによってゲノム部位に導かれるけれども切断しない、不活化されたCasヌクレアーゼの未来もかなり魅力的である。事実この酵素には、たとえば卓越した正確さで染色体の領域あるいは部位を視覚化する可能性がある。

病原菌からわかる真核細胞

数百万年来、病原菌ならびに非病原菌（共生菌）は宿主とともに進化してきた。宿主細胞の構造に適応して身を護り、その性質を利用し、宿主の生体防御に抵抗して生き残ってきたのである。三〇年ほどの間に行われた研究により、病原菌は優れた細胞生物学者であることが明らかになっている。病原菌は、細胞への侵入の仕方と、複製する液胞の中で安全な場所にとどまるためのタンパクのリクルートの仕方を「理解」し、細胞内で生き残るために特定のタンパクを容易に調整できるようになった。こうしたメカニズムを研究することで、それまでよく理解されていなかった根本的なメカニズムが発見されたのである。三つの例について言及したい。

［ActAタンパクと細胞の運動性］

細胞生物学の一つの根本的な問題は、高等生物の発生や病原体に対する反応のような多くの正常な現象、そしてがん細胞の移動のような異常な現象の基礎となっている細胞の可塑性と運動性という二つの性質を理解することである。細胞は胚の中でどのように組織化されているのか。たとえば皮膚の傷にいる細菌から発せられたシグナルは、どのようにして白血球（好中球）を感染部位に引き寄せることができるのか。これらすべては一九八〇年代の終わりにはよくわかっていなかった。細胞が長いマイクロフィラメントを重合し始め、それが細胞の形態を変化させ、それまでいた場所を離れて移動することを可能にしていることは知られていた。しかし、マイクロフィラメント形成の初期段階を特異的に始動させる要因については知られていなかった。その解答は病原菌であるリステリア菌の研究からやってきた。

［細菌毒素］

多くの細菌は毒素を分泌し、それが病原菌によって引き起こされる病気の主要な特徴の原因になることがある。たとえば、コレラ菌はコレラの主要な特徴の原因となる毒素を産生する。破傷風菌とボツリヌス菌は破傷風とボツリヌス症のときに引き起こされる麻痺の原因となる毒素を産生する。破傷風菌とボツリヌス菌の毒素は、タンパクを切断して不活化するプロテアーゼである。この場合、プロテアーゼは神経伝達物質を輸送する小胞の融合に関与するＳＮＡＲＥＳタンパクを切断している。これらの毒素は、とくにsiＲＮＡ法によって細胞タンパクを不活化できるようになる前には細胞生物学で非常に有用であった。

一つの細菌毒素が、真核細胞のアクチン細胞骨格の研究にとくに有用であった。ボツリヌス菌のＣ３毒素である。Ｃ３はＡＤＰリボースを付加することにより、細胞に多数ある「低分子ＧＴＰアーゼ」の一つであるＲｈｏを変化させて不活化に導く。Ｒｈｏタンパクは細胞の可塑性に関与しており、Ｃ３毒素を用いることによってアクチンが介在する過程におけるＲｈｏの役割を他のＧタンパクと対比して明確に特徴づけることができた。

［ヌクレオモジュリン］

最近著者らのグループによって、真核細胞の核に達することができる細菌タンパクに「ヌクレオモジュリン」という名前が提唱された。ヌクレオモジュリンは真核細胞の核内で、非常に重要な機能、たとえばＤＮＡの複製、クロマチンのリモデリング、ＤＮＡの転写や修復などに通常関与する構成成分と反応している。これらのタンパクは根本的なメカニズムの理解に目覚ましい進歩をもたらした。他にも重要な応用がなされた。

最初にヌクレオモジュリンが同定されたのは、植物病原菌においてであった。タンパクとDNAを細胞核内に注入する最もよく知られた細菌の一つはアグロバクテリウム・ツメファシエンスで、タンパクで囲まれたT－DNA複合体を植物内に注入する。一度核に達すると、T－DNAは植物のゲノムに挿入される。このメカニズムは植物における多くの調節現象の理解を可能にし、トランスジェニック植物の生成を可能にした。たとえば、大豆やトウモロコシのような植物の選択的栽培を可能にする、一般的な除草剤に対する耐性遺伝子、あるいは昆虫とくにアワノメイガに対して非常に有効なバチルス・チューリンゲンシスの細菌毒素遺伝子を発現した植物である。もう一つの植物病原菌によって研究の強力なツールを作り上げることが可能になったのが、TALENである。

ヌクレオモジュリンによって、それまで特徴が明らかになっていなかったタンパクの同定が可能になったケースもある。たとえば、リステリアが産生するヌクレオモジュリンLntAは、まったく特徴がわからなかったBAHD1タンパクと相互作用する。このタンパクはヘテロクロマチン形成と哺乳類の遺伝子発現の消失に関与する複合体の一部を構成している。LntAはBAHD1と相互作用することにより、標的遺伝子からこのタンパクを取り除き、遺伝子発現を可能にしている。

ヌクレオモジュリンのリストは、病原菌に関する研究が拡大するにつれて長くなる一方である。

【PCR法】

PCR法の原理は、一九八〇年代の終わりにキャリー・マリス（一九九三年ノーベル化学賞）によって初めて発表された。PCR法はDNA断片のそれぞれの断端に結合（ハイブリダイズ）できる「プライマー」と呼ばれるDNAの特異的小断片を用いることに基づいている。解析対象のサンプルは、まずDNAの二本鎖を開いて一本鎖DNAにするために温度上昇の処理を施される。それからサンプルをプライマーとともに温度を下げると、プライマーと一本鎖DNAとの結合を促進する。そこに細菌の酵素であるポリメラーゼを加えると、プライマーからそれぞれのDNA鎖に相補的な鎖を合成するため、一つの二本鎖DNAから二つの二本鎖が生成される。次のステップでも、二つの二本鎖が開くために温度を再び上昇させ、プライマーとともに温度を下げるとフリーになったDNA鎖の断端にプライマーが結合し、同様のサイクルが始まる。これを三〇サイクル繰り返すと二〇億以上の同一断片が生成され、アガロースゲル電気泳動上で容易に検出可能になる。プライマーからDNAを重合する酵素は耐熱性でなければならない。この目的のために、好熱菌で発見された酵素が用いられる。たとえば、高温で増殖するのでその高温で機能する酵素を持っているテルムス・アクウァーティクス（*Thermus aquaticus*）由来のTaqポリメラーゼのような酵素である。

当然のことながらこの技術は、適切なプライマーを用いるために、DNA配列があらかじめわかっていることを前提としている。これはもちろん病原菌の検索時にも当てはまる。しかし、未知の新興性病原体や犯人を捜す場合には何をすべきだろうか。

この問題は、すべてのDNAに共通する配列に相補的なユニバーサルプライマーを使用する別のプロトコールによって解決された。これはヒトの体液や糞便中に存在する細菌を検索する場合や微生物叢を解析する際に特に有効である。その場合、すべての細菌で保存されている領域である16S rRNAをコードする配列に対応するユニバーサルプライマーが用いられる。

また、かなり巧妙な代替法が用いられることもある。たとえば、細菌やファージのリガーゼと呼ばれる酵素を用いることにより、プライマーを一本鎖DNAに結合させる。このプライマー上に他のプライマーを結合させると、それがDNA鎖を増幅することになる。この技術には他の改良も施された。とくに、サンプル中に存在するRNA量を算定できる逆転写ポリメラーゼ連鎖反応（RT-PCR）である。この方法の第一段階はRNAをDNAに転換させる逆転写で、そのDNAが増幅される。この改良が、ある環境中で産生されるRNAを解析するRNA-seq（RNAシークエンシング）と呼ばれる方法の急激な発展の基礎にある。

PCR技術は非常に性能を上げた。今ではDNA配列を一時間足らずで一〇億倍以上という非常な効率と高速で増幅できるとされている。


【ロドプシンファミリー】

これは七つの膜貫通ドメインを持つ緻密な分子で、補因子として光子を捕捉できるビタミンAに構造的に似た成分であるレチナールを使っている。この光子捕獲の際にロドプシンは立体構造を変え、オプシンの七つの膜貫通ドメインによって形成される管状構造を開くことにより、陽子の排出のようなイオンの輸送やシグナル伝達タンパクとの相互作用を可能にしている。


【Arp2/3複合体の役割の発見】

リステリアは普通は環境内に存在して食品を汚染する腸管病原性細菌である。汚染された食品を摂取したあと、細菌は腸に達し、さらに胎盤や脳のようなより深部にある組織に到達する。この拡散は血流に乗って生じるが、この細菌に非常に特徴的な性質によっても起こる。その性質とは、細胞内に侵入し、そこで増殖して動き回り、一つの細胞から隣接するもう一つの細胞に容易に移動できることである。前述したようにすべての真核細胞は、集合して長いフィラメントを形成したり分離したりする構成成分アクチンを持つ。この細菌はそのことを活用している。

我々のグループの研究により、次のことを明らかにすることができた。細菌は細胞表面にActAと呼ばれるタンパクを産生し、それが七つのタンパクの複合体であるArp2/3複合体をリクルートする。すると、この複合体は活性化し、すでに存在するアクチンフィラメント上に位置して単量体アクチンを引き寄せて、細胞質内で細菌に推進力を与えるフィラメントを形成する（図18参照）。

ActAタンパクはArp2/3複合体の役割を発見するために役立った。実際には、Arp2/3がなければ細菌は移動できない。真核細胞において、Arp2/3複合体を活性化できる分子はWASP／N-WASPファミリーと呼ばれるファミリーを形成していて、このファミリーのタンパクは構造上ActAタンパクにかなり近い。アクチン重合におけるActAとArp2/3の役割を発見することは、数年間の集中的な研究の目的であった。その後、フォルミンのような他のアクチン核化因子が発見された。

【TALEN法】

カンキツ潰瘍病菌は、転写因子として作用するエフェクターを植物内に注入する。それがTALE（transcription activator-like effectors）因子で、三四アミノ酸の反復からなるDNA認識ドメインを使って特異的な配列（TAL DNA box）と結合する。エンドヌクレアーゼFokIと融合したTALドメインは、植物だけではなく動物においても遺伝子の変異を可能にするTALEN法と呼ばれる非常に強力な技術の基礎になっている。

しかし、改良されたりこの技術に投資したベンチャー企業があったにもかかわらず、数年前に生まれたこのＴＡＬＥＮ法は革命的なＣＲＩＳＰＲ法に水をあけられたところである。

第18章　健康と社会のための古くて新しいツール

一世紀以上前、イリヤ・メチニコフは、細菌、ウイルス、寄生虫のような病原体を「飲み込み」、不活化する白血球が持つ能力、すなわち食作用に関する発見により一九〇八年のノーベル賞を受賞した。彼は腸内微生物叢の組成をヨーグルトの中にある有益な細菌で操作することにより健康を改善し、老化を遅らせることができると宣言した。メチニコフは年齢や食事の変化にともなう変動など、腸内微生物叢について現在知られているすべてのことを考えていたとはとても言えないが、それにもかかわらず彼の言葉にはかなりの先見性があった。

食料品の中の細菌

ラクトースを加水分解する生菌を含む発酵乳製品であるヨーグルトが健康に有益な効果を持つことは、一般的に認められている。ヨーグルト製造に通常使われている二つの細菌種は、ラクトバチルス・デルブリュック菌ブルガリア亜種（ブルガリア菌 *Lactobacillus delbrueckii* subsp. *bulgaricus*）とストレプトコッカス・サリバリウスの亜種サーモフィラス（サーモフィラス菌 *Streptococcus salivarius* subsp. *thermophilus*）である。世界保健機関（WHO）と国際連合食糧農業機関（FAO）のような国際機関によって明確に認められているように、ヨーグルト摂取によりラクトースの消化不良に起因する症状は軽減される。しかし、ヨーグルトには他にも有益な効果があるのだろうか。すなわち、ヨーグルトを製造するために使われている株は、プロバイオティクスと呼ぶにふさわしいのだろうか。答えはそうでもあるし、そうでもない。まず、ヨーグルトを製造するために使われている細菌が腸内微生物叢に存在する細菌のリストに入っていないことは明らかである。実際に、これらの細菌は消化管内では生き残ることはないが、「真の」プロバイオティクスの場合は生き残ることができる。

ヨーグルトの株の有益な効果を同定しようとする研究は、数は限られるが行われたことがあった。とくに一つの研究によって、ブルガリア菌株OLL1073R－1の莢膜多糖体は、細胞表面にこの構成成分を持たない他のブルガリア菌株とは異なり、マウスにおいてある種の免疫応答を刺激することが明らかになった。それから、ヒトで行われた臨床試験により、OLL1073R－1株は鼻炎の高齢者を護るのに対して、他の株は効果がないことが明らかになった。したがって、OLL1073R－1株の有益な作用は特異的ということになる。

ヨーグルトに認められるもう一つの有益な作用は、チアミンのようなビタミンの産生だろう。ここでもまた、こうした作用はある特定のヨーグルトに特異的のようである。したがって現在のところ、すべての点から見て、ラクトースの消化不良に関連する問題の軽減とカルシウムイオンの摂取以外のヨーグルトの有益な効果は、それがあるとすれば使われた株によって異なるようだ。

もう一つの考えるべき要素は、ヨーグルト製造に使われた株の間の相乗作用である。たとえば、ヨーグルトの香りには、ジメチルトリスルフィドに起因するものがあることが明らかになった。ジメチルトリスルフィドはブルガリア菌またはサーモフィラス菌の単一培養では少量存在するが、ブルガリア菌とサーモフィラス菌の混合培養で増加する。

他のいくつかの食品、とくに乳製品は細菌発酵の恩恵を受けており、発酵のある過程でいくつかの細菌株を使用することは、工業的バイオプリザベーション〔食品の保存技術として、植物、動物、微生物およびそれが産出する抗菌物質を活用すること〕に関して著しい利点をもたらす可能性がある。グリュイエールチーズの製造に使用され、抗菌性がある乳酸菌とプロピオニバクテリウム属の組み合わせによる活性についても同様である。これらの抗菌活性は、乳酸、プロピオン酸、酢酸、過酸化物、ジアセチル、いくつかの他の代謝産物、バクテリオシンの産生に基づいている。

プロバイオティクス

二〇〇一年、世界保健機関（WHO）と国際連合食糧農業機関（FAO）はプロバイオティクスの正式な定義を「十分量摂取したとき、健康に対してふつう得られる栄養効果を超えた有益な効果を及ぼす生きた微生物」とした。

プロバイオティクスとして用いられているいくつかの微生物の中には、ヒト腸内微生物叢のもともとの住人である乳酸菌がよく見られる。最も研究されているプロバイオティクスはビフィドバクテリウムとラクトバチルスという二つの属に属し、後者をより正確に言えば、ラクトバチルス・ロイテリ菌、ラクトバチルス・アシドフィルス菌、ラクトバチルス・カゼイ菌、ラクトバチルス・プランタルム菌、ラクトバチルス・ラムノサス菌である。微生物叢は「プロバイオティクス」と呼ぶこともできる。なぜなら、宿主に対して有益な効果を発揮し（微生物叢のない無菌マウスは普通のマウスより感染症にかかりやすくなる）、抗生物質の使用によって微生物叢を乱すと、チフス菌とくにクロストリジウム・ディフィシル菌のような腸内の腸管病原菌によるコロニー形成が増加するからである。

最近の研究により、共生菌とプロバイオティクスの有益な役割の根底にある分子メカニズムが解明され始めた。二つの主要なメカニズムが作用している。第一は、栄養素やニッチをめぐる競合である。第二は、病原菌のコロニー形成に対して間接的な効果を及ぼすことであり、それは共生菌やプロバイオティクスによる宿主免疫系の刺激、つまり生理的炎症としばしば呼ばれるものに由来する。

実際に、いくつかの研究によって、ニッチとその栄養素をめぐる競合が近縁の細菌にとって重要な要素であることが明らかにされた。たとえば、共生微生物叢のかなりの部分を殺すストレプトマイシンでマウスを処理すると、大腸菌の特異的な株（HS株またはニッスル株）のコロニー形成が、EPECのような大腸菌の腸管病原性種がコロニーを形成するのを阻害する。大腸菌HS株またはニッスル株が栄養素として多種多様な糖を利用する能力は、いろいろな病原性大腸菌によるコロニー形成を阻害するだろう。もちろん、この問題を避ける方法を見つけ、共生菌によって使われない糖を用いたり、微生物叢から放出された糖を異化したりしてコロニー形成に成功する病原体もある。

大腸菌のニッスル株はヒトではプロバイオティクスとして用いられている。この株は一九一七年に赤痢の流行時に下痢をしなかった兵士の便から分離された。これは下痢やクローン病のような炎症性腸疾患の治療に使われるプロバイオティクス調合薬の重要な成分になった。ニッスル株は多数の糖を利用する能力に加え、いくつかの鉄捕捉システムを持ち、病原体との競合に入る。多くの共生菌のように、ニッスル株は病原菌と直接相互作用でき、毒素と「ミクロシン」と呼ばれる抗菌ペプチドを産生する。

ファージ型の装置を介して抗菌毒素の分泌を可能にするⅥ型分泌装置は、共生菌に対する毒性の一つの特徴として考えられていたが、侵略生物を攻撃するために共生菌によって使われていることも明らかになっている。たとえば、腸内微生物叢にバクテロイデス門が多いのは、そのⅥ型分泌装置のためであるとされている。

多くの研究はこれまでマウスでしか行われていなかったこと、そしてそれらの結果がヒトにあてはまるかどうかは、常に明らかにされてきたわけではないことを強調しておくことは重要である。ヒトの微生物叢を持つ、いわゆる「ヒト化された」マウスを活用することは、マウスで得られた結果の有効性を認めるための大きな助けになるはずである。

同一のニッチのための競合効果に加え、プロバイオティクスと共生菌の効果は、腸粘膜の障壁効果を増強することと、自然免疫と獲得免疫の反応を増強することである。

糞便移植

ますます認知されている腸内微生物叢の価値であるが、糞便移植もそうなりそうである。これは健康な個体の腸内微生物叢の生きた材料を患者の腸管内に移植注入する技術である。一般には、患者の家族の一人の微生物叢を、ウイルス、細菌、寄生虫の如何にかかわらず、病原性微生物を含んでいないことを確認したあとで用いるようにしている。

現時点では、糞便移植は偽膜性大腸炎の治療にとくに用いられている。この感染症は前述のように、一つ以上の抗生物質による治療が原因でクロストリジウム・ディフィシル菌が増殖することで起きる。糞便移植はクローン病や他の炎症性腸疾患のような場合にも使用可能である。

媒介昆虫の腸内微生物叢

ヒト腸内微生物叢に関する研究が進むと、病原体、媒介昆虫、宿主の三者関係の研究の一環として、さまざまな蚊とツェツェバエの腸内微生物叢に対する関心が次第に高まってきた。

昆虫の微生物叢で最も豊富な細菌はプロテオバクテリア門の一部を構成する腸内細菌科で、そこにはエンテロバクター属、パントエア属、シュードモナス属、セラチア属のメンバーがいる。蚊におけるアサイア属やツェツェバエの共生菌のように垂直伝播する細菌は別にして、その起源は知られていない。

いくつかの研究により、共生菌には蚊の媒介動物としての能力を減少させる力があることが明らかになった。たとえば、マラリアの病原体である熱帯熱マラリア原虫に暴露されたハマダラカにおいては、腸内細菌が多ければ多いほど感染率が低くなる。他方、血液を吸う前の蚊に抗生物質治療を行っておくと、蚊の寄生虫量が増加する。

しかし感染率を低下させる能力は、すべての細菌で同じではない。腸上皮への浸潤段階前に寄生虫の発育を阻害することで熱帯熱マラリア原虫感染に抵抗性を与えているエンテロバクター属の細菌を、ザンビアの蚊で同定することに成功した研究がある。この抗寄生虫効果は細菌による活性酸素の遊離に起因した可能性がある。これらの結果は、蚊が熱帯熱マラリア原虫に抵抗性を示すようにするためには、蚊の腸内微生物叢を操作するやり方があることを示唆している。

CRISPR／Cas9という方法論と遺伝子治療

これまでのヒトにおける遺伝子治療は、その遺伝子がよく発現し、重要な役割を担っている細胞や組織で欠陥遺伝子を正常遺伝子で置換するという技術である。この技術はレトロウイルスのようにゲノムに挿入される性質を持ったウイルスを用いていた。しかし、そこに危険性がないわけではない。現在ではCRISPR／Cas9システムを使ってゲノムを容易に操作できるので、一個体のすべての細胞を治療するために生殖細胞の遺伝子を操作しようと夢見る冒険心をそそらないわけではない。二〇一五年三月、ノーベル賞受賞者のデヴィッド・ボルティモアを含む著名な科学者らが『サイエンス』誌と『ネイチャー』誌に発表した二つの論評は、生殖細胞DNAを編集するためにCRISPR法を使用しないように科学者コミュニティに訴えている。一部の細胞は修正されているけれども他の細胞はそうではないモザイク胚の危険性が残っていること、さらに望む部位以外に変異が出現する危険性もあることを指摘している。最後に、この技術は非常に強力で魅力的ではあるが、現時点ではあまりにも多くの危険性があること、そしてヒト体細胞での遺伝子治療は、生殖細胞を操作する治療とは大きく異なるということをできるだけ透明性をもって社会に知らせるべきであると指摘している。

合成生物学

一九七〇年代の遺伝子工学とは、分子生物学と分子遺伝学の方法を用いて遺伝子を分離、クローン化し、その遺伝子を取り出した生物とは異なる生物に発現あるいは過剰発現させる技術のことを言った。たとえば、卵白アルブミン、それから成長ホルモン、インターフェロン、インスリンが遺伝子工学によって大腸菌に発現された。また、洗剤に加える酵素や小児の予防接種に使われるタンパクも大量に作られた。おそらく最もよい例の一つは、大腸菌で作られ、線維状血球凝集素とアドヘシンという二つのタンパクとともに百日咳ワクチンとして用いられた百日咳菌毒素で、最初の「サブユニットワクチン」あるいは無細胞性ワクチンと呼ばれたものである。また、アグロバクテリウム・ツメファシエンスとその腫瘍誘発プラスミドを用いて、植物に除草剤への抵抗性を与える遺伝子、あるいはアワノメイガのような害虫に効く毒素をコードする遺伝子が植物に導入された。このようにして、最初のトランスジェニック植物、すなわち遺伝子組み換え生物が生まれたのである。

合成生物学は遺伝子工学の「ポストゲノム」版である。文字通りの革命が生物活性分子の発見、最適化、製造について進行中である。遺伝子工学がそうであるように、合成生物学とは、大量生産のためにわずかに修飾し調整した、しばしば「シャーシ」と呼ばれる微生物に、化学的に合成することが難しい成分、高価であったり薬理学的に非常に活性があったりする成分を合成させることである。合成生物学は他の方法では合成が難しい成分の合成を実現するために、ジェノミクスとメタジェノミクスの大量のデータを上手く利用している。その基礎にあるのは、研究対象の微生物での活性の有無にかかわらず、新しい生合成経路の発見である。また、微生物が産生する成分でこれまで未知であったものが、質量分析法とその最新の進歩のようにごく最近まで手が届かなかった技術によって同定されたことにも依拠している。事実、並外れた生物活性を持ちうる多くの小分子や代謝産物を微生物は産生する。多くの計画は食品のための芳香族分子や香料のための分子の生産に関するものだが、最も大きな期待は医薬品とくに新しい抗生物質の生産に関するものである。

　合成生物学の最も象徴的な例は、重要な医薬品アルテミシニンの工業生産である。イベルメクチンとならんでアルテミシニンはノーベル委員会に認められ、中国人屠呦呦《トウ・ヨウヨウ》に二〇一五年のノーベル賞をもたらした。現在では、植物由来のこの抗マラリア薬は異種生物とくに出芽酵母（パン酵母）で作ることができる。大腸菌における生産はあまりに複雑で、ほとんど有効性がないことが明らかになった。この計画には約一〇年を要し、最初の産物であるアルテミシニン酸から多くの調整が必要であった。

　もう一つの重要な進歩は、ストレプトマイセス・オリノシにおいて活性がない生合成経路を活性化したことと、ポリケチドの一つで抗マラリア、抗ウイルス活性を持つスペクチナビリンの産生である。

これを実現するために、考案者たちはこの遺伝子座の遺伝子発現を阻害するすべての制御配列を除去するところから始めなければならなかった。

遺伝子工学の時代には、宿主として大腸菌が選ばれた。なぜなら、分子生物学のすべてのツールはこの細菌で確立されていたからである。ＣＲＩＳＰＲ／Cas９法はこの状況を変える可能性があり、合成生物学は、この学問で非常によく研究されている植物を含めた他の生物でさらに大きな成功を収めることができるだろう。

合成生物学の目的の一つは、新たにゲノムを構築することでもある。これは二〇一〇年に新しい生物の合成に成功したクレイグ・ヴェンターと彼の協同研究者によって実現した。彼らは試験管内で化学的に合成したマイコプラズマ・マイコイデスのゲノムをマイコプラズマ・カプリコラムに移植した。しかし、最初の段階では、ＤＮＡ断片を酵母で発現し、それをレシピエントの細菌に移植するという過程を経ている。実験の最後に、マイコプラズマ・マイコイデスのゲノムしか含まないマイコプラズマ・カプリコムの中に、マイコプラズマ・マイコイデスのゲノムを使って複製するものが出てきた。クレイグ・ヴェンターはこれらの細胞を「合成」細胞と呼んだが、細胞質は最初のレシピエント細菌から来たものであった。彼は、必須でないすべての配列をこの人工ゲノムから除くことにより、次の段階に移ったばかりである。合成されたばかりのこの細菌は四七三遺伝子によって三時間ごとに複製し、既知の最も単純な生命の形態のように見える。

合成生物学の他の成功例として、自然界にはない新しい塩基対（ｄ５ＳＩＣＳとｄＮａＭで形成される）を用いることができる「半合成」生物の作製を挙げることができるだろう。ゲノム内では、ＤＮ

AはAとT、GとCという塩基が対になることにより形成される二本鎖であることが知られている（図5参照）。塩基の新しい対が用いられるためには、まず必要なヌクレオチドを取り込ませることができるトランスポーターを大腸菌に発現させなければならなかった。複製装置がそれを用い、複製されたプラスミドには変異がないことが明らかにされた。最後に、普通はDNAに存在する異常な塩基を切除する修復酵素が新しい塩基を切除しないことが示された。現在、三塩基対を用いることができる生物はこれが最初のものである。これは、自然界での拡散は不可能であるという保証があり、重要な医薬品の製造のための宿主としてシャーシの役割を果たすことができるはずである。

【バリノマイシンの合成】

合成生物学のもう一つの象徴的成果は、大腸菌によるバリノマイシンの合成である。考案者はこの細菌に非リボソームペプチド合成酵素をコードする遺伝子座を導入することに成功した。この最初の成功が改変されたバリノマイシン類似物の合成への道を開いた。

第19章　環境のためのツール

チョウ目の幼虫に対する生物農薬としてのバチルス・チューリンゲンシス

真正細菌バチルス・チューリンゲンシス（以下BTと略記）は一九〇一年に日本でカイコの飼育中に発見され、一九一一年にドイツのチューリンゲンでスジコナマダラメイガから分離された。BT菌は昆虫病原性細菌で、ある種の昆虫（チョウ目、甲虫類とハエ目、ハチ目、ヨコバイ亜目とハジラミ）と無脊椎動物の一部の幼虫防除として、急速に国際的認知を得た生物農薬である。この生物農薬としての性質は、この細菌が発芽時に結晶性タンパクを合成する能力に起因しており、それはCryタンパクとCrtタンパクというδ内毒素からなる。こんにちまでに六〇〇以上の異なる*cry*遺伝子が同定されている。Cry毒素の産生能はこの細菌独自のものであるが、それ以外では、BTは、炭疽菌およびセレウス菌ときわめて近縁である。炭疽菌はバイオテロリズムの材料としてヒトに使われた病原性細菌で、セレウス菌はヒト日和見病原体で食品による感染症の原因となり、環境中に生息する細菌である。BTは殺虫活性に寄与するキチナーゼ、プロテアーゼ、および他の毒素を含む因子を産生する。

発芽時にこの細菌が合成する結晶は「プロトキシン」を含んでおり、昆虫がこれを摂取すると直ちに宿主のプロテアーゼによってアルカリ性pHで成熟し、活性を持つポリペプチド毒素となる。これらのタンパクは昆虫の腸上皮細胞上にある特異的な受容体と結合する。毒素の効果は昆虫の腸で起きる大きな病変と消化の即時停止に至る消化管麻痺によって急速に顕在化する。昆虫は結晶摂取後、四八時間経たないうちに死ぬ。

生物農薬としてのBT使用が最初に認可されたのは、合衆国では一九六〇年代、フランスでは一九七〇年代にさかのぼる。これは最も用いられている生物農薬である。実際に、この細菌は発酵槽内で容易に増殖し、最終産物もよく保存される。選択性が高く、コストには競争力がある。BT剤は花粉媒介動物（たとえばハチ）のような有益な動物相にも脊椎動物にも影響がないようである。

一九九〇年に、BT剤に耐性がある昆虫の系統が問題になり始めた。それは、ハワイで分離されたコナガの一系統のことであった。ほとんどの場合、耐性は腸細胞上に存在する受容体をコードする遺伝子の変異が原因である。

BT剤使用の視点を一変させた重要な発見は、BT毒素を産生するように遺伝子操作された植物の作製であった。それは、タバコスズメガに対して活性を持つ毒素を発現するタバコであった。これらの研究に続いて、多くの植物（トマト、トウモロコシ、ワタ）の遺伝子が殺虫剤の性質を付与するために操作された。しかし、遺伝子組み換え作物を消費するという考えは、あらゆる種類の抗議の声を呼び起こした。

BT剤の作用の特異性はその毒素の特異性によっている。現在の研究が部分的に対象としているのは、ヒトや動物を攻撃するネッタイシマカ、およびとくに地中海周辺の果樹を攻撃するチチュウカイミバエのような他の昆虫に対して殺虫活性を持つBT株の探索である。

植物の根を護る枯草菌

グラム陰性菌のモデルは大腸菌であるが、グラム陽性のモデル細菌である枯草菌、あるいは枯草菌のいくつかの株は、植物の根にバイオフィルムを形成し、それ自身もバイオフィルム形成に関与する抗菌性リポペプチドであるサーファクチンを分泌する。たとえば、シュードモナス・シリンガエからシロイヌナズナ属植物が護られる場合のように、枯草菌は植物の根を病原体の攻撃から護る。枯草菌のGBO3株は、花、ワタ、野菜、大豆の種子に適用するために商品化されている。枯草菌は芽胞を形成するので長期間活性を保ち、種子が発芽するときに根はバイオフィルムによって保護される。

ボルバキア、そして蚊が伝播する感染症のバイオコントロール

ボルバキア菌は特定の蚊の中に存在するとき、デング熱、チクングニア熱、黄熱、ウエストナイル熱のウイルスの伝播とマラリアの原因寄生虫の伝播を抑制する。さらに、ボルバキア菌は昆虫の不妊の一型である細胞質不和合という現象の原因となっていて、医学的に非常に重大で危険でもある蚊や昆虫の集団の駆除に使うことができる（図15）。現時点で最も検討されている二つの戦略は、ボルバ

キア菌を持つ蚊によって野生の蚊集団を置換して病原体に耐性にするか、媒介動物の蚊を駆除するかである。

［ボルバキア保菌蚊による野生蚊の置換］

第一の戦略では、ボルバキア菌に感染した雌が環境中に持ち込まれる。感染蚊は一定の病原体には反応しないので、野生の蚊にくらべて病原体を伝播することがずっと少ない。さらに、感染した雌はボルバキア菌を集団中に拡散する。なぜなら、非感染の雄と交尾して感染蚊を産んで、集団におけるボルバキア保菌蚊の数を増やすからである。

雌の蚊だけがボルバキア菌を伝播する。もし非感染の雌が感染雄と交配すれば、不妊の交配になるが、感染雌が感染の有無にかかわらず雄と交配すると感染蚊を産む（図15参照）。したがって感染雌の導入は、感染した雌雄の蚊の数を増やすことになる。換言すれば、十分な数の感染雌、あるいは感染雌を繰り返し導入することによって非感染集団を感染集団で置換することになり、そうなると病原体を伝播することはなくなる。これはデング熱で証明された。

［媒介蚊の駆除］

蚊の駆除、もしくは少なくともその数を減らすための、第二のボルバキア菌作戦は、もっと古い戦略に基づいている。すなわち、放射線照射によって不妊にした雄を環境中に招き入れてこの集団を減少させるものである。この方法は、たとえばフィラリア症の媒介昆虫であるイエカで使われて完全駆除に成功した。

ボルバキア菌に依存する戦略は、ボルバキア菌に感染した雄の蚊を導入することに基づいている。これらの感染した雄がボルバキア菌を持たない野生の雌と交配する時、子孫は生育できない。ボルバキア菌を持つ雄の蚊を環境中に導入することに問題はない。なぜなら、血液を吸い病原体を伝播するのは雌だからである。したがって、雄の蚊の導入は必然的に蚊の減少と病原体の伝播能を持つ蚊の減少に導くはずである。

おわりに

本書では、微生物学全体、とくに細菌学が活気にあふれ、多くの新しい概念がすでに現れ、また他の多くの概念が姿を現そうとしていること、この革命が我々の日常生活と食事、医学、生物学研究の多様な領域、そして望むらくは、我々の環境の保護にますます大きな影響を与えるようになることを描きたかった。

抗生物質の耐性現象が蔓延するという大問題について詳しく言及したが、代替法が可能であること、新しい方法を用いて一つの新しい抗生物質が二〇一五年に同定されたこと、そして他のものも近いうちに同定されるだろうことも示した。マラリア対策の手段であったニヴァキンに対する耐性が出現したあと、その発見が二〇一五年のノーベル賞の対象になったアルテミシニンが植物から抽出され、その後合成によって同じものが生産され、ニヴァキンに取って代わることに成功したことを思い出そう。そこに、新しい抗細菌治療法が生まれる希望がある。

本書では、発生の初期段階から死に至るまでの日常生活に積極的に関与している、微生物叢と呼ばれる細菌と他の微生物のすべての集合の重要な役割について強調した。これらの微生物叢、なかでも腸内微生物叢は、多彩な機能、とくに病原体に対する免疫防御を刺激あるいは調節している。また、セロトニンのようなホルモンの分泌にも関与し、現在の多くの研究が明らかにしているように、多様性を持つ腸内微生物叢と身体の健康と精神のバランスとの間には非常に明確な相関がある。腸は組織化を担う器官、または「第二の脳」と考えられている。患者の苦痛を癒すために、腸内微生物叢の組成を効果的に変えることはできるのだろうか。肥満のような病気についてはそう言えそうだ。おそらく、クローン病のような炎症性疾患についてもそうなるだろう。うつ病のような疾患については、すぐに可能になるとはやや考え難い。しかし、それができないことはあるだろうか。いずれにせよ、何を食べるかが、腸内微生物叢の豊かさに大いに関与していることがあらゆる事実から明らかになり、この微生物叢の豊かさが健康に与える影響を考えるならば、よい食事を摂る機会を決して逃さず、バランスという基本原則を心にとめておきたい。

腸内微生物叢のある種のアンバランス、すなわちディスバイオーシスに対処するためのかなり新しい技術が生まれた。それが糞便移植である。これは、抗生物質治療後に増殖する抗生物質耐性菌のクロストリジウム・ディフィシルによる下痢の治療にすでに用いられ、成功を収めている。長期にわたる抗生物質治療が予定された場合には、糞便移植は自家糞便材料を保存することによって自家移植でも行うことができるだろう。糞便移植は組織の移植と考えるべきなのか、あるいは医薬品の投与と考えるべきなのだろうか。このことについては、まだすべての国で同じような結論には至っていない。糞便材料の使用に関する規制はすでに長い議論のテーマになっている。

本書で強調してきたように、概念的にもトランスレーショナル〔基礎研究の成果を臨床に実用化させる橋渡し」の面から見ても第一級の重要性を持つ発見は、基礎的であると考えられる現象、すなわちウイルスに対する細菌の抵抗性とその制御に興味を持った微生物学者によってまったく予期せぬ形でなされた。RNAとCRISPR／Casシステムによる制御に関する最近の一連の研究が明らかにしたように、あらゆる制約から自由な基礎研究は維持されなければならないだけではなく、推奨されなければならない。こうしたタイプの研究から生まれたゲノム編集という革命的な技術が、遺伝子治療にまで発展するとは、誰一人予測できなかっただろう。

病気の媒介動物としての昆虫については何度も語ってきた。たとえば、ヒト（とくに蚊）、動物、植物（アブラムシ）の病気を媒介するだけではなく、受粉の重要な媒介動物（ハチ）でもある。それらの微生物叢と、媒介動物としての能力の制御における腸内微生物叢の重要性についても議論してきた。昆虫の腸内微生物叢の操作はやってみるべきだろうか。また、昆虫の内部共生生物、とくにボルバキア菌について言及した。この細菌は代々卵母細胞によって伝播し、蚊集団の媒介動物としての機能を制御している。そこから、世界のある地域ではすでに行われたように、環境中に感染した蚊を導入するという考えが生まれる。

地球温暖化にともない、ヒトスジシマカですでに知られているように、昆虫の集団に変化が生じること、そして我々が出会うことのなかった地域で今後ますます増えていく昆虫が出てくることは、ほぼ間違いない。現在は存在しない問題が発生、あるいは今はまだ制御できている問題が問われるようになっていくだろう。ヨコバイが伝播し植物に甚大な被害をもたらす細菌ファイトプラズマの場合は確実にそうなるだろう。幸いにも細菌に関する知識は増大し、我々がますます理解を深めている生物多様性と環境を保存しながら、こうした新しい攻撃に対峙し、先手を打つことさえもできるようになるだろう。

微生物学上の重要な人と年

【一六三二～一七二三年】アントニ・ファン・レーウェンフックは、三〇〇倍拡大できる顕微鏡を用いて多くの微生物と原虫を観察した。精液中の精子を発見したのも彼である。自然発生説の強硬な反対者でもあった。

【一八二二～一八九五年】ルイ・パスツールは化学者の教育を受け、まず発酵における酵母の役割を明らかにし、自然発生説を葬り去り、細菌が原因であるビールの酸性を除く加熱処理（低温殺菌法）を醸造所に導入した。彼は黄色ブドウ球菌を発見、カイコの病気の原因病原体を同定し、家禽コレラに対する予防接種と狂犬病に対するヒトの予防接種の研究に集中する。人生の終わりには国際的な寄付を募り、一八八七年六月四日の政令によりパスツール研究所を設立する。

【一八四三～一九一〇年】ロベルト・コッホは医者の教育を受け、炭疽病が炭疽菌の芽胞によって引き起こされることを明らかにし、結核の原因菌（コッホ菌）、コレラの原因菌を発見。熱帯病に興味を示して研究生活を終える。一九〇五年ノーベル生理学・医学賞受賞。

【一八八四年】ハンス・クリスチャン・グラムは、細菌研究で最もよく使われている染色法を開発し、細菌をグラム陽性とグラム陰性という二つの大きなグループに分類した。

【一九二九年】**アレクサンダー・フレミング**は、アオカビによって産生されるペニシリンに抗菌性を発見する。その結果、人類は抗生物質の時代に入る。一九四五年ノーベル生理学・医学賞受賞。

【一九四四年】**アルバート・シャッツ**と**セルマン・ワックスマン**は、結核に対して一九四三年以降国際的に使われるようになる抗生物質ストレプトマイシンを発見する。不幸にも、抗生物質に対する最初の耐性がペニシリンでは一九四六年、ストレプトマイシンでは一九五九年に出現する。一九五二年ノーベル生理学・医学賞受賞。

【一九六〇年】**フランソワ・ジャコブ**、**ジャック・モノー**、**アンドレ・ルヴォフ**は、彼らがリプレッサーと呼び、オペレーターと名づけられた部位に結合する複合体による細菌の遺伝子発現の協調制御を説明するために「オペロン」という概念を提唱した。一九六五年ノーベル生理学・医学賞受賞。

【一九七七年】**カール・ウーズ**は、リボソームＲＮＡを研究し、真正細菌、真核生物とは遺伝学的に異なる第三の生命形態であるアーキア（古細菌）を発見する。

【一九八〇年】**スタンレー・ファルコー**は、遺伝学と細胞生物学の手段を組み合わせて病原菌の病原性因子を同定した最初の一人である。

【一九八六年】**キャリー・マリス**は、好熱性細菌テルムス・アクウァーティクスの酵素を用いてＰＣＲ法（ポリメラーゼ連鎖反応）を考案。ＰＣＲは分子生物学の基本的ツールになった。一九九三年ノーベル化学賞受賞。

【一九九五年】**クレイグ・ヴェンター**とゲノム科学研究所の彼の同僚は、細菌ゲノムの最初の完全なシークエンシングをインフルエンザ菌で行い、微生物学はジェノミクスの時代に入った。

【二〇〇〇年】**ジェフリー・ゴードン**は、腸内微生物叢と肥満のような病気におけるその役割を解析したパイオニアの一人である。

エマニュエル・シャルパンティエ、**ジェニファー・ダウドナ**、**フィリップ・ホーヴァス**ら多くの研究者は、一〇年たらずの間にＣＲＩＳＰＲの構成要素の機能を明らかにし、それらのゲノム操作への活用に寄与した。

謝辞

原稿を細心かつ批判的に読んでくれたわたしの共同研究者、オリヴィエ・デュシュルジェとナタリー・ロリオン、そしてカルラ・サレーとディディエ・マゼルに心から感謝します。模式図を作成し、すべての図を完成させてくれたフアン・J・ケレダ、ありがとう。カウロバクターと枯草菌（原書表紙）の写真については、ユルス・ジュナルとハビエル・ロペス・ガリドに感謝。助言をくれたキャロリーヌ・ディーン、ジャン・ピエール・カイヨドー、ブリュノ・ルメートル、ありがとう。ニコラ・ヴィトコフスキーにはその忍耐とすべての助言について感謝。最後に、オディル・ジャコブには、その熱意とこの新しい微生物学のすべてについてのやり取りで得た喜びについて、感謝します。

訳者あとがき

人類が目覚めてからほぼ二五〇〇年の歴史があるとすれば、我々はその四分の三にあたる年月を目に見えるものだけを相手に生きてきたことになる。紀元前四世紀に生きたアリストテレスは、この世界に存在する生物を人間と動物と植物に分け、人間をその知性ゆえに最高位に属する生物として規定した。その生物観に変化が生じたのは、アントニ・ファン・レーウェンフックが肉眼では見えない世界を顕微鏡で観察した一七世紀に入ってからである。それから二世紀が経過した一九世紀に入り、ルイ・パスツールは目に見えない世界に生きるものを「微生物」(microbe: *mikros* 小さい + *bios* 生物)と命名し、ロベルト・コッホとともに新しい病原体の発見に大きな成果を収めた。そのためか、微生物と言えば我々に害を与える悪いものというイメージが長い間に定着していった。しかし最近の研究によれば、病原性を持つ微生物はむしろ少数派で、大部分は我々の日常に欠かせない存在であるという。ときに敵対するものの、我々は「彼ら」なしには生きられないのである。著者のパスカル・コサール教授は、肉眼では見えないがきわめて重要な世界を本書において可視化し、「彼ら」の行動原理を示すことで我々を驚かせてくれる。

四部構成の本書の内容は以下のようになっている。第Ⅰ部「微生物学の新しい概念」では、細菌が病原体となることは少なく、ほとんどの場合はむしろ我々の友であること、多くの遺伝子機構やRNA革命と言われるものが細菌を舞台にして明らかにされたこと、細菌の防御メカニズムを担うCRISPR／Casシステムの解析からゲノム編集の優れた方法が確立されたこと、そして抗生物質の耐性の問題が論じられている。第Ⅱ部「社会微生物学」では、細菌の社会生活が描かれている。たとえば、細菌が集合してできるバイオフィルム、細菌間のコミュニケーション手段としての化学的言語とクオラムセンシング、細菌同士の殺し合い、細菌と動物や植物の共生としての微生物叢、細胞内共生などである。第Ⅲ部「感染の生物学」では、歴史に大きな傷跡を残した感染症や新興感染症としてペスト、ハンセン病、結核が取り上げられ、小児の感染症、院内感染、性感染症、バイオテロリズムに用いられる細菌などが論じられている。さらに、病原菌が用いるさまざまな戦略、昆虫や植物の病原菌、そして感染症に対する新しい見方を提示している。最後の第Ⅳ部「細菌はツールである」においては、たとえば、生物学研究には欠かせない制限酵素やゲノム編集の手法としてのCRISPR／Cas9システム、我々の健康にとって有用だとされるプロバイオティクス、糞便移植、さらに興味深い細菌のメカニズムを利用した生物農薬、植物の根を護るための細菌などに焦点を合わせている。

このように細菌の生物学に集中するだけではなく、他の動物や植物との関係、環境との関係という大きなネットワークの中における細菌という視点からこの世界が記述されている。その意味では、本書でも取り上げられている“One Health Initiative”の考え方に近いと言えるだろう。じつはこの概念は新しいものではなく、ヒポクラテスの時代にまでさかのぼることができる。また、一九世紀の病理学者ルドルフ・フィルヒョウの考えの中にも見られる。彼はテオドール・シュワンの「生物は細胞から構成される」という細胞説を発展させ、「すべての細胞は細胞に由来する」という細胞説を提唱したことでも有名だが、ヒトの病気と動物の病気との間に境界線はないと考えていた。そして、「人獣共通感染症」（Zoonose; *zôon* ＝動物 *nosos* ＝病気）という言葉を造り、ヒトの病気の予防のために食肉検査まで唱えている。医学を社会科学としてとらえていたことがわかる。

最近、細菌の免疫システムであるＣＲＩＳＰＲ／Cas９がゲノム編集のきわめて有効な方法として脚光を浴び、その適用にともなう倫理的な問題も議論されている。しかし、ＣＲＩＳＰＲ／Casはその技術的側面に加え、免疫の本質、そして免疫の持つ認識機能と神経系の機能との関連を考察する上でもきわめて重要な示唆を与えるシステムであるとわたしは考えている（Yakura, H. A hypothesis: CRISPR-Cas as a minimal cognitive system. *Adaptive Behavior*, doi.org/10.1177/1059712318821102）。また、細菌を舞台として展開されている合成生物学の新しい成果によると、自然界には存在しない新しい塩基対（d5SICS と dNaM）が細胞内で排除されることなく機能することができるという。この成果は新しい情報をＤＮＡに書き込むという技術的な進歩をもたらすだけではなく、地球外生命が存在した場合、その遺伝メカニズムは我々のものと同じであるという保証はないことを示唆している。このように、微生物は多くの技術的アプローチを可能にするだけではなく、人間を含めた生物という存在を哲学的に観想するための貴重な材料も提供している。その点では、技術（テクネー）が本来持っている意味――それまで見えなかったものを見えるようにするポイエーシス（創造）――に相当する役割を微生物が担っているとも言えるだろう。レオナルド・ダ・ヴィンチは「すべてを見る」ことを生涯にわたってやり続けたと言われる。ここで言う「すべてを見る」とは、見えたものについて瞑想することまでが含まれていた。風景の中に動物が入ってくれば、動物の生活について想像をめぐらせるのである。ダ・ヴィンチにはできなかったと思われる目に見えない世界で起こっていることについて瞑想しようとするとき、本書に詰まっている多くの事実がその助けとなるだろう。

近年研究が進んでいるテーマに共生の問題がある。地球上の生物のほとんどは、微生物との間に共生関係を結んでおり、我々の腸内微生物叢もその一つである。本来的にはこれらの微生物は他者であるため生体から排除されるはずだが、腸粘膜のマクロファージや樹状細胞はそれを「見ていない」。しかし実際には、微生物叢に生体は反応し、症状としては現れないものの「生理的な炎症」を誘導しているという。それが免疫システムを定常的に警戒状態あるいは反応準備状態に移行させ、免疫を強化する役割を担っていると考えられる。このような現象を見ると、生物の生存はほとんど目に見えない定常状態での活動にかかっていることがわかる。そしてそれを支えているのが、今では我々と分かちがたく歩むことになった他者であるという点も思索を刺激する。そこから、そもそもオーガニズムとは何を言うのかという問題も現れる。

本書は *La Nouvelle microbiologie: Des microbiotes aux CRISPR* (Odile Jacob, 2016) の全訳である。一部の誤認については著者に了解を得て訂正した。問い合わせに対して的確に対応していただいたうえ、原書にはない用語解説と索引項目リストを供与していただいたコサール教授に感謝したい。そして今回も、昨年刊行したフィリップ・クリルスキー著『免疫の科学論——偶然性と複雑性のゲーム』のときと同様、みすず書房編集部中川美佐子氏の貴重な助言がなければ今の形にはなっていなかった。ここに改めて謝意を表したい。最後に、我々の目には見えない広大な世界で展開している複雑ではあるが明確な論理性を持つ一つひとつのつながりに思いを馳せるとき、我々の思考や行動は変容していくだろう。本書とともにその時間を堪能していただけるとすれば幸いである。

矢倉 英隆

二〇一九年一月三日、トゥールにて

パスカル・コサール
これからの微生物学
マイクロバイオータからCRISPR《クリスパー》へ
矢倉英隆訳

2019年3月22日　第1刷発行

発行所　株式会社 みすず書房
〒113-0033　東京都文京区本郷2丁目20-7
電話　03-3814-0131(営業)　03-3815-9181(編集)
www.msz.co.jp

本文組版　キャップス
本文印刷所　精文堂印刷
扉・表紙・カバー印刷所　リヒトプランニング
製本所　松岳社
装丁　大倉真一郎

ISBN 978-4-622-08767-0
［これからのびせいぶつがく］

著者略歴

(Pascale Cossart)

1948年生まれ．1971年米ジョージタウン大学で修士号，1977年パリ第7大学で博士号を取得．以後一貫してパスツール研究所で研究を展開．1997～2005年パスツール研究所教授，2006年から特別教授（Professeur de Classe Exceptionnelle）．現在同研究所細菌・細胞相互作用研究ユニット長．2016年フランス科学アカデミー終身書記に就任．「細胞微生物学」の提唱者のひとりで，リステリア（グラム陽性桿菌でときに致死的な敗血症や髄膜炎の原因となる）が宿主に対して用いるさまざまな分子戦略を明らかにした世界的に著名な細菌学者．1998年ロレアル・ユネスコ女性科学賞，2007年ロベルト・コッホ賞，2013年バルザン賞ほか受賞多数．

訳者略歴

矢倉英隆〈やくら・ひでたか〉1972年北海道大学医学部卒業．1978年同大学院博士課程修了（病理学）．1976年からハーバード大学ダナ・ファーバー癌研究所，スローン・ケタリング記念癌研究所，旭川医科大学を経て，2007年東京都神経科学総合研究所（現東京都医学総合研究所）免疫統御研究部門長として研究生活を終える．2009年パリ第1大学パンテオン・ソルボンヌ大学院修士課程修了（哲学）．2016年ソルボンヌ大学パリ・シテ大学院博士課程修了（科学認識論，科学・技術史）．2016～2018年フランソワ・ラブレー大学招聘研究員．2013年からサイファイ研究所ISHE代表．訳書に，クリルスキー『免疫の科学論――偶然性と複雑性のゲーム』（みすず書房，2018）．

索引

【事項】

アルファベット／数字

ア行

索引

カ行

サ行

索引

マ行

【人名】

サ行

タ行

ナ行

ハ行

マ行

ラ行

用語解説

アーキア（古細菌）　生命の第3のドメイン．他の2つは真正細菌と真核生物である．

アデノシン3リン酸（ATP）　この化合物は異なる部分から構成され，それらを結び付けている結合が切れるとエネルギーを放出する．ヒトにおいては筋収縮に関与している．

RNA（リボ核酸）　この物質はヌクレオチドのサブユニットからなる1本鎖で，DNAの転写後に作られる．

RNAポリメラーゼ　転写過程でDNAをほぼ正確にコピーすることによりRNAを産生する酵素．

遺伝子　1つのタンパクの情報をコードしているDNA（染色体）領域．

遺伝子伝播　遺伝子（DNA断片）が1つの細菌から他の細菌に伝播すること．プラスミド接合，形質転換，バクテリオファージによる感染という特有のメカニズムによっている．

院内感染　病院内での感染あるいは他の医療介入による感染で，医療関連感染とも言われる．

ウイルス　DNAあるいはRNAとタンパクからなる感染病原体．ウイルスは生物に感染し，その複製は宿主に依存している．

液胞　細菌が哺乳類の細胞に侵入する時などに形成される小胞様細胞内小器官．細菌は侵入後，液胞と呼ばれる膜に囲まれたコンパートメントに捕捉される．

オペロン　ともに転写され，ともに制御される少数の遺伝子群．

芽胞　細菌が飢餓あるいは過酷な生育条件にさらされたあとに形成される構造で，極限の環境条件の下でも細菌が生き残り，環境が有利になったときに発芽できるようにしている．

桿菌　細長い形をした細菌．

球菌　ほぼ球形の細菌．

クオラムセンシング　細菌間の化学的な情報伝達によって媒介される現象．この現象は，細菌が小分子の蓄積に同時に反応することにより，多細胞生物のように協調して行動することを可能にしている．クオラムセンシングにより，細菌は環境中に存在する他の微生物を間接的に感知し，その数を評価できる．

CRISPR（clustered regularly interspaced short palindromic repeats）　CRISPR 領域とは，約 50 ヌクレオチドの反復配列と，ファージあるいはプラスミド DNA からなるスペーサーを含む細菌の染色体領域のことである．この領域はウイルス（ファージ）による最初の感染時にファージ DNA の断片を組み込むことができ，その後の同じウイルスによる感染を阻害できる．この現象は最初の感染の「記憶」に匹敵する．

形質転換　細菌が環境中に存在する DNA を取り込む現象．形質転換はコンピテントな（形質転換受容性がある）細菌だけに起こる．一定数の細菌は自然状態でコンピテントである．コンピテンスは DNA を導入するために実験室で人工的に誘導することができる．

ゲノム　ある特定の生物のすべての遺伝子の総和．一般的に細菌では，すべての遺伝子は 1 つの環状 DNA 分子（染色体）上に位置している．

抗生物質　細菌の増殖を抑制したり，細菌を殺したりする物質．

コンピテンス（形質転換受容性） 増殖の特定の段階，あるいは特別の条件下において，ある細菌に起こる特別の生理的状態で，細菌が環境からDNAを取り込むことを可能にする.

細菌 最も小さな単細胞生物.

接合 細菌がそのDNAの一部，あるいはプラスミドを他の細菌に伝播する現象で，ナノチューブを介してDNAを移動する.

染色体 生物の遺伝子を含むDNA分子．一般的に，細菌の染色体は環状である.

通性細胞内寄生菌 別の生物の細胞内でも細胞外でも増殖可能な細菌.

DNA（デオキシリボ核酸） ヌクレオチドのサブユニットからなる2つの長い鎖から構成されるＤＮＡは，細菌から高等生物を含むすべての生物の染色体の基本的な構成要素で，遺伝物質である.

DNAポリメラーゼ 複製の過程でDNAをコピーしてDNA分子を作る酵素.

転写 とくにRNAポリメラーゼを含む細菌の装置がDNAを読み，ほぼ正確なRNAというコピーを作る過程.

ヌクレオチド DNAあるいはRNAのサブユニット.

バイオフィルム 何らかの表面に棲息する微生物の共同体で，周囲と明確に区別される構造を形成する．バイオフィルムは細胞外基質の中で，1つあるいは複数の種由来の多数の細胞を含んでいる.

ハイスループットDNAシークエンシング ある抽出物中に含まれるすべてのDNA分子のシークエンシング.

バクテリオシン 細菌が産生し，他の細菌を殺す毒素.

バクテリオファージ（ファージ） 細菌を標的とするウイルス．

微生物 細菌，原生動物，酵母などの微生物に与えられた総称．この言葉はときに原因不明の感染病原体を指すために用いられる．

病原性遺伝子島 染色体上の１つの遺伝子座に集中して存在する一群の遺伝子で，細菌の病原性に関与している．

複製 １本鎖DNAがDNAポリメラーゼによりコピーされる過程．

プラスミド ２本鎖DNAからなる小さな環状染色体．

ペプチドグリカン 糖とアミノ酸からなる細菌の細胞壁の構成要素で，細菌に硬さと，病原体や外的な攻撃に対する防御を付与している．

偏性細胞内寄生菌 別の生物の細胞内でのみ増殖可能で，それ自身が単独では増殖できない細菌．

翻訳 リボソームがRNAを読み，タンパクを産生する過程．

卵母細胞 生殖細胞に成熟し，高等生物の生殖を可能にする卵巣にある雌性細胞．

リガンド 特定の受容体あるいは結合部位と特異的に結合する物質．

リボソーム すべての生細胞においてタンパクを合成する，タンパクとRNA分子の複合体．

参照文献

まえがき

Radoshevich L., Bierne H., Ribet D., Cossart P., The new microbiology: A conference at the Institut de France, *C R Biol*, 335, 514-518 (2012).

第1章

Woese C. R., Fox G. E., Phylogenetic structure of the prokaryotic domain: the primary kingdoms, *Proc Natl Acad Sci USA*, 74, 5088-90 (1977).

Ciccarelli F. D., Doerks T., von Mering C., Creevey C. J., Snel B., Bork P., Toward automatic reconstruction of a highly resolved tree of life, *Science*, 311, 1283-1287 (2006).

Medini D., Serruto D., Parkhill J., Relman D. A., Donati C., Moxon R., Falkow S., Rappuoli R., Microbiology in the post genomic era, *Nat Rev Microbiol*, 6, 419-430 (2008).

第2章

Jensen R. B., Wang S. C., Shapiro L., Dynamic localization of proteins and DNA during a bacterial cell cycle, *Nat Rev Mol Cell Biol*, 3, 167-176 (2002).

Gitai Z., The new bacterial cell biology: Moving parts and cellular architecture, *Cell*, 120, 577-586 (2005).

Cabeen M. T., Jacobs-Wagner C., Skin and bones: The bacterial cytoskeleton, cell wall, and cell morphogenesis, *J Cell Biol*, 179, 381-387 (2007).

Cabeen M. T., Jacobs-Wagner C., The bacterial cytoskeleton, *Annu Rev Genet*, 44, 365-392 (2010).

Toro E., Shapiro L., Bacterial chromosome organization and segregation, *Cold Spring Harb Perspect Biol*, 2 : a000349.

Campos M., Jacobs-Wagner C., Cellular organization of the transfer of genetic information, *Curr Opin Microbiol*, 16, 171-176 (2013).

Ozyamak E., Kollman J. M., Komeili A., Bacterial actins and their diversity, *Biochemistry*, 52, 6928-6939 (2013).

Laoux G., Jacobs-Wagner C., How do bacteria localize proteins to the cell pole, *J Cell Sci*, 127, 11-19 (2014).

第3章

Jacob F., Monod J., Genetic regulatory mechanisms in the synthesis of proteins, *J Mol Biol*, 3, 318-356 (1961).

Roth A., Breaker R. R., The structural and functional diversity of metabolite-binding riboswitches, *Annu Rev Biochem*, 78, 305-309 (2009).

Gottesman S., Storz G., Bacterial small regulators: Versatile roles and rapidly evolving variations, *Cold Spring Harb Perspect Biol*, 3, doi:10.1101/cshperspect.a003798 (2011).

Storz G., Vogel J., Wasserman K. M., Regulation by small RNAs in bacteria: Expanding frontiers, *Mol Cell* 43, 880-891 (2011).

Breaker R. R., Riboswitches and the RNA world, *Cold Spring Harb Perspect Biol*, 4, pii: a003566. Doi : 1101/cshperpect.a003566 (2012).

Calderi I., Chao Y., Romby P., Vogel J., RNA-mediated regulation in pathogenic bacteria, *Cold Spring Harb Perspect Biol*, 3: a010298 doi 10.1101/cshperpect.a010298 (2013).

Sesto N., Wurtzel O., Archambaud C., Sorek R., Cossart P., The excludon: A new concept in bacterial anti-sense RNA mediated gene regulation, *Nature Rev Microbiol*, 11, 75–82 (2013).

Mellin J. R., Tiensuu T., Becavin C., Gouin E., Johansson J., Cossart P., A riboswitch-regulated anti-sense RNA in Listeria monocytogenes, *Proc Natl Acad Sci USA*, 110, 13132–13137 (2013).

第4章

Barrangou R., Fremaux C., Deveau H., Richards M., Boyaval P., Moineau S., Romero D. A., Horvath P., CRISPR provides acquired resistance against viruses in prokaryotes, *Science*, 315, 1709–1712 (2007).

Deltcheva E., Chylinski K., Sharma S., Gonzales K., Chao Y., Pirzada Z. A., Eckert M. R., Vogel J., Charpentier E., CRISPR RNA maturation by trans-encoded small RNA and host factor RNAse III, *Nature*, 471, 602–607 (2011).

Jinek M., Chylinski K., Fonfara I., Hauer M., Doudna J. A., Charpentier E., A programmable dual-RNA-guided DNA endonuclease in adaptive bacterial immunity, *Science*, 337, 816–821 (2012).

Jiang W., Bikard D., Cox D., Zhang F., Maraffini L. A., RNA-guided editing of bacterial genomes using CRISPR-Cas systems, *Nature Biotech*, 31, 233–239 (2013).

Dupuis M. E., Villion M., Magadan A. H., Moineau S., CRISPR-Cas and restriction-modification systems are compatible and increase phage resistance, *Nat Comm*, 4, 2087 (2013).

Hsu P., Lander E., Zhang F., Development and applications of CRISPRCas9 for genome editing, *Cell*, 157, 1262–1278 (2014).

Selle K., Barrangou R., Harnessing CRISPR-Cas systems for bacterial genome editing, *Trends Microbiol*, 23, 225–232 (2015).

Kiani S., Chavez A., Tuttle M., Hall R. N., Chari R., Ter-Ovanesyan D., Qian J., Pruitt B. W., Beal J., Vora S., Buchthal J., Kowal E. J., Ebrahimkhani M. R., Collins J. J., Weiss R., Church G., Cas9 gRNA engineering for genome editing, activation and repression, *Nat Methods*, 11, 1051–1054 (2015).

第5章

Sockett E., Lambert C., Bdellovibrio as therapeutic agents: A predatory renaissance, *Nat Rev Microbiol*, 2, 669–674 (2004).

Dublanchet A., Fruciano E., Breve histoire de la phagotherapie. A short history of phage therapy, *Med Maladies Infect*, 38 (8), 415–420 (2008).

Debarbieux L., Dublanchet A., Patay O., Infection bacterienne: quelle place pour la phagotherapie, *Med Maladies Infect*, 38 (8), 407–409 (2008).

Makarov V., Manina G., Mikusova K. et al., Benzothiazinones kill Mycobacterium tuberculosis by blocking arabinan synthesis, *Science*, 8, 801–804 (2009).

Cotter P., Ross R. P., Hill C., Bacteriocins—A viable alternative to antibiotics, *Nat Rev Microbiol*, 11, 95–105 (2013).

World Health Organization, Premier rapport de l'OMS sur la resistance aux antibiotiques: une menace grave d'ampleur mondiale, avril 2014, http://www.who.int/mediacentre/news/releases/2014/amr-report/fr/.

L'Institut Pasteur, Antibiotiques: quand les bacteries font de la resistance (dossier), La Lettre de l'Institut Pasteur, 85 (2014).
Lambert C., Sockett R. E., Nucleases in Bdellovibrio bacteriovorus contribute towards efficient self-biofilm formation and eradication of preformed prey biofilms, *FEMS Microbiol Lett*, 340, 109–116 (2013).
Allen H., Trachsel J., Looft T., Casey T., Finding alternatives to antibiotics, *Ann NY Acad Sci*, 1323, 91–100 (2014).
Baker S., A return to the pre-antimicrobial era ? The effects of antimicrobial resistance will be felt most acutely in lower income countries, *Science*, 347, 1064 (2015).
Ling L., Schenider T., Peoples A., Spoering A., Engels I., Conlon B. P., Mueller A., Schaberle T. F., Hughes D. E., Epstein S., Jones M., Lazarides L., Steadman V., Cohen D. R., Felix C., Fetterman K. A., Millet W., Nitti A. G., Zullo A. M., Chen C., Lewis K., A new antibiotic kills pathogens without detectable resistance, *Nature*, 517, 455–459 (2015).

第6章

Davies D. G., Parsek M. R., Pearson J. P., Iglewski B. H., Costerton J. W., Greenberg E. P., Involvement of cell-to-cell signals in the development of a bacterial biofilm, *Science*, 280, 295–298 (1998).
O'Toole G., Kaplan H. B., Kolter R., Biofilm formation as microbial development, *Annu Rev Microbiol*, 18, 49–79 (2000).
Stanley N. R., Lazazzera B. A., Environmental signals and regulatory path ways that influence biofilm formation, *Mol Microbiol*, 52, 917–924 (2004).
Kolter R., Greenberg E. P., Microbial sciences: The superficial life of microbes, *Nature*, 441, 300–302 (2006).
Romling U., Galperin M. Y., Gomlesky M., Cyclic di-GMP : the first 25 years of a universal bacterial second messenger, *Microbiol Mol Biol Rev*, 77, 1–52 (2013).

第7章

Bassler B. L., Losick R., Bacterially speaking, *Cell*, 125, 237–246 (2006).
Duan F., March J. C., Interrupting Vibrio cholerae infection of human epithelial cells with engineered commensal bacterial signaling, *Biotechnol Bioeng*, 101, 128–134 (2008).
Duan F., March J. C., Engineered bacterial communication prevents Vibrio cholerae virulence in an infant mouse model, *Proc Natl Acad Sci USA*, 107, 11260–11264 (2010).
Schuster M., Sexton D. J., Diggle S. P., Greenberg E. P., Acyl-homoserine lactone quorum sensing: From evolution to application, *Ann Rev Microbiol*, 67, 43–63 (2013).

第8章

Schwarz S., West T. E., Boyer F., Chiang W. C., Carl M. A., Hood R. D., Rohmer L., Tolker-Nielsen T., Skerret S., Mougous J., Burkholderia type VI secretion systems have distinct roles in eukaryotic and bacterial cell interactions, *PLoS Pathogens*, 6, e10011068 (2010).
Hibbing M. E., Fuqua C., Parsek, M., Peterson S. B., Bacterial competition: Surviving and thriving in the microbiological jungle, *Nat Rev Microbiol*, 8, 15–25 (2010).
Hayes C. S., Aoki S. K., Low D. A., Bacterial contact-dependent delivery systems, *Annu Rev Genet*, 44, 71–90 (2010).
Aoki S., Poole S. J., Hayes C., Low D., Toxin on a stick. Modular CDI toxin delivery systems play

roles in bacterial competition, *Virulence*, 2, 356–359 (2011).

Russell A. B., Hood R., Bui N. K., LeRoux M., Vollmer W., Mougous J., Type VI secretion delivers bacteriolytic effectors to target cells, *Nature*, 475, 343–347 (2011).

Basler M., Ho B. T., Mekalanos J., Tit for tat: Type VI secretion system counterattack during bacterial cell-cell interactions, *Cell*, 152, 884–894 (2013).

Ho B. T., Dong T. G., Mekalanos J. J., A view to a kill : The bacterial type VI secretion system, *Cell Host Microbe*, 15, 9–21 (2014).

Etayash H., Azmi S., Dangeti R., Kaur K., Peptide bacteriocins, *Curr Top Med Chem*, 16 (2) 220–241 (2015).

第 9 章

McFall-Ngai M., Montgomery M. K., The anatomy and morphology of the adult bacterial light organ of Euprymna scolopes (Cephalopoda: Sepiolidae), *Biol Bull*, 179, 332–339 (1990).

McFall-Ngai M., Heath-Heckman E. A., Gillette A. A., Peyer S. M., Harvie E. A., The secret languages of coevolved symbioses: Insight from the Euprymna scolopes-Vibrio fischeri symbiosis, *Semin Immunol*, 24, 3–8 (2012).

McFall-Ngai M., Hadfield M. G., Bosch T. C., Carey H. V., Domazet-Loso T. X., Animals in a bacterial world, a new imperative for the life sciences, *Proc Natl Acad Sci USA*, 110, 3229–36 (2013).

David L. A., Maurice C. F., Carmody R. N., Gootenberg D. B., Button J. E., Wolfe B. E., Ling A. V., Devlin A. S., Varma Y., Fischbach M. A., Biddinger M. A., Dutton E. J., Turnbaugh P. J., Diet rapidly and reproducibly alters the human microbiome *Nature*, 505, 559–563 (2014).

Yurist-Doutsch S., Arrieta M. C., Vogt S. L., Finlay B. B., Gastrointestinal microbiota-mediated control of enteric pathogens, *Annu Rev Genet*, 48, 361–382 (2014).

Brune A., Symbiotic digestion of lignocellulose in termite guts, *Nature Rev Microbiol*, 12, 168–180 (2014).

Belkaid Y., Segre J., Dialogue between skin microbiota and immunity, *Science*, 346, 954–959 (2014).

Knights D., Ward T., Mc KInkay C. E., Miller H., Gonzalez A., McDonald, Knight R., Rethinking "enterotypes," *Cell Host Microbes*, 16, 433–437 (2014).

Vogt S. L., Pena-Diaz J., Finlay B. B., Chemical communication in the gut : Effects of microbiota-generated metabolites on gastrointestinal bacterial pathogens, *Anaerob*, 34, 106–115 (2015).

Derrien M., Van Hylckama Vlieg J. E. T., Fate, activity and impact of ingested bacteria within the human gut, *Trends Microbiol.*, 23, 354–366 (2015).

Thompson J. A., Oliveira R. A., Djukovic A., Ubeda C., Xavier K. B., Manipulation of the quorum sensing signal AI-2 affects the antibiotic-treated gut microbiota, *Cell Rep*, 10, 1861–1871 (2015).

Vogt S. L., Pena-Diaz J., Finlay B. B., Chemical communication in the gut: effects of microbiota-genrated metabolites on gastrointestinal bacterial pathogens, *Anaerob*, 34, 106–115 (2015).

Asher G., Sassone-Corsi P., Time for food: The intimate interpaly between nutrition, metabolism and the circadian clock, *Cell*, 161, 84–92 (2015).

Yano J., Yu K., Donalsdson G. P., Shastri G. G., Phoebe A., Ma L., Nagler C. R., Ismagilov R. F., Mazmanian S. K., Hsiao E., Indigenous bacteria from the gut microbiota regulate host serotonin biosynthesis, *Cell*, 161, 264–276 (2015).

Schnupf P., Gaboriau-Routhiau V., Gros M., Friedman R., Moya-Nilges M., Nigro G., Cerf-Bensussan N., Sansonetti P. J., Growth and host interaction of mouse segmented filamentous

bacteria in vitro, *Nature*, 520, 99-103 (2015).

Sender R., Fuchs S., Milo R., Are we really outnumbered ? Revisiting the ratio of bacterial to host cells in humans, *Cell*, 164, 337-340 (2016).

第10章

Jones K. M., Kobayashi H., Davies B. W., Taga M. E., Walker G. C., How rhizobial symbionts invade plants: The Sinorhizobium-Medicago mode, *Nat Rev Microbiol*, 5, 619-633 (2007).

Kondorosi E., Mergaert P., Kereszt A., A paradigm for endosymbiotic life: Cell differentiation of Rhizobium bacteria provoked by host plants, *Ann Rev Microbiol*, 67, 611-628 (2013).

Bulgarelli D., Schlaeppi K., Spaepen S., Ver Loren van Themaat E., Schulze-Lefert P., Structure and functions of the bacterial microbiota of plants, *Ann Rev Plant*, 64, 807-838 (2013).

第11章

Lai C. Y., Baumann L., Baumann P., Amplification of TrpEG: Adaptation of Buchnera aphidicola to an endosymbiotic association with aphids, *Proc Natl Acad Sci USA*, 91, 3819-3823 (1994).

Douglas A. E., Nutritional interactions in insect-microbial symbiosies: Aphids and their symbiotic Buchnera, *Annu Rev Entomol*, 43, 17-37 (1998).

Moran N. A., Baumann P., Bacterial endosymbionts in animals, *Curr Opin Microbiol*, 2, 270-275 (2000).

Gil R., Sabater-Munoz B., Latorre A., Silva F. J., Moya A., Extreme genome reduction in Buchnera spp.: Toward the minimal genome needed for symbiotic life, *Proc Natl Acad Sci USA*, 99, 4454-4458 (2002).

Sassera D., Beninati T., Bandi C., Bouman E. A. P., Sacchi L., Fabbi M., Lo N., Candidatus Midichloria mitochondrii, an endosymbiont of the tick Ixodes ricinus with a unique intramitochondrial lifestyle, *Internat J Systemat Evol Microbiol*, 56, 2535-2540 (2006).

Moya A., Pereto J., Gil R., Latorr A., Learning how to live together: Genomic insights into prokaryote-animal symbioses, *Nature Rev Genet*, 8, 218-229 (2008).

Engelstadter J., Hurst G. D. D., The ecology and evolution of microbes that manipulate host reproduction, *Ann Rev Ecol Evol Syst*, 40, 127-149 (2009).

Shigenobu S., Wilson A. C. C., Genomic revelations of a mutualism: The pea aphid and its obligate symbiont, *Cell Mol Life Sci*, 68, 1297-1309 (2011).

Bouchery T., Lefoulon E., Karadjian G., Nieguitsila A., Martin C., The symbiotic role of Wolbachia in onchocercidae and its impact on filariasis, *Clin Microbiol Infect*, 19, 131-140 (2012).

Scott A. L., Ghedin E., Nutman T. B., McReynolds L. A., Poole C. B., Slatko B. E., Foster J. M., Filarial and Wolbachia genomics, *Parasite Immunol*, 34, 121-129 (2012).

Schulz F., Horn M., Intranuclear bacteria: Inside the cellular control center of eukaryotes, *Trends Cell Biol*, 25, 339-346 (2015).

第12章

Shea J. E., Hensel M., Gleeson C., Holden D. W., Identification of a virulence locus encoding a second type III secretion system in Salmonella typhimurium, *Proc Natl Acad Sci USA*, 93, 2593-2597 (1996).

Sansonetti P. J., The bacterial weaponry: lessons from *Shigella*, *Ann NY Acad Sci*, 1072, 307-312 (2006).

Sussman M. (ed.), Molecular Medical Microbiology, Academic Press (2014), 3 vol., 2e edition.

Cornelis G. R., Wolf-Watz H., The Yersinia Yop virulon: A bacterial system for subverting eukaryotic cells, *Mol Microbiol*, 23, 861–867 (1997).

Cole S. T. et al., Massive gene decay in the leprosy bacillus, *Nature*, 409, 1007–1011 (2001).

Cole S. T., Deciphering the biology of Mycobacterium tuberculosis from the complete genome sequence, *Nature*, 393, 537–544 (1998).

Cossart P., Illuminating the landscape of host-pathogen interactions with the bacterium Listeria monocytogenes, *Proc Natl Acad Sci USA*, 108, 19484–19491 (2011).

Sperandio B., Fischer N., Sansonetti P. J., Mucosal physical and chemical innate barriers: Lessons from microbial evasion strategies *Semin Immunol*, 27 (2), 111–118 (2015).

第13章

Isberg R. R., Falkow S., A single genetic locus encoded by Yersinia pseudotuberculosis permits invasion of cultured animal cells by Escherichia coli K12, *Nature*, 317, 262–264 (1985).

Galan J. E., Curtiss R. 3rd, Cloning and molecular characterization of genes whose products allow Salmonella typhimurium to penetrate tissue culture cells, *Proc Natl Acad Sci USA*, 86, 6383–6387 (1989).

Cossart P., Boquet P., Normark S., Rappuoli R., Cellular microbiology emerging, *Science*, 271, 315–316 (1996).

Finlay B. B., Cossart P., Exploitation of host cell functions by bacterial pathogens, *Science*, 276, 718–725 (1997).

Cossart P., Sansonetti P. J. S., Bacterial invasion: The paradigms of enteroinvasive pahogens, *Science*, 304, 242–248 (2004).

Galan J. E., Cossart P., Host-pathogen interactions: A diversity of themes, a variety of molecular machines, *Curr Opin Microbiol*, 8, 1–3 (2004).

Cossart P., Roy C. R., Manipulation of host membrane machinery by bacterial pathogens, *Curr Opin Cell Biol*, 22, 547–554 (2010).

Hubber A., Roy C. R., Modulation of host cell function by Legionella pneumophila type IV effectors, *Ann Rev Cell Dev Biol*, 26, 261–283 (2010).

Pizarr-Cerda J., Kuhbacher A., Cossart P., Entry of Listeria in mammalian cells: An updated view, *Cold Spring Harb Perspect Med*, 2 (2012).

Bierne H., Hamon M., Cossart P., Epigenetics and bacterial infections, *Cold Spring Harb Perspect Med*, 2 (2012).

Puhar A., Sansonetti P. J., Type III secretion system, *Curr Biol*, 24, R84–91 (2014).

Helaine S., Cheverton A. M., Watson K. G., Faure L. M., Matthews S. A., Holden D. W., Internalization of Salmonella by macrophages induces formation of nonreplicating persisters, *Science*, 343, 204–208 (2014).

Rolando M., Buchrieser C., Legionella pneumophila type IV effectors hijack the transcription and translation machinery of the host cell, *Trends Cell Biol*, 24, 771–778 (2014).

Arena E. T., Campbell-Valois F. X., Tinevez J. Y., Nigro G., Sachse M., Moya-Nilges M., Nothelfer K., Marteyn B., Shorte S. L., Sansonetti P. J., Bioimage analysis of *Shigella* infection reveals targeting of colonic crypts, *Proc Natl Acad Sci USA*, 112, 3282–3290 (2015).

Spano S., Gao X., Hannemann S., Lara-Tejero M., Galan J. E., A Bacterial Pathogen Targets a Host Rab-Family GTPase Defense Pathway with a GA, *Cell Host Microbe*, 19, 216–226 (2016).

参照文献

第 14 章

Vallet-Gely I., Lemaitre B., Boccard F., Bacterial strategies to overcome insect defences, *Nature Rev Microbiol*, 6, 302–313 (2008).

Nielsen- Leroux C., Gaudriault S., Ramarao N., Lereclus D., Givaudan A., How the insect pathogen bacteria Bacillus thuringiensis and Xenorhabdus/photorhabdus occupy their hosts, *Curr Opin Microbiol*, 15, 220–231 (2012).

第 15 章

Mole B. M., Baltrus D. A., Dangl J. L., Grant S. R., Global virulence regulation networks in phytopathogenic bacteria, *Trends Microbiol*, 15, 363–371 (2007).

Hogenhout S. A., Oshima K., Ammar E., Kakizawa S., Kingdom H., Namba S., Phytoplasmas: bacteria that manipulate plants and insects, *Mol Plant Pathol*, 9, 403–423 (2008).

Kay S., Bonas U., How Xanthomonas type III effectors manipulate the host plant, *Curr Opin Microbiol*, 12, 37–43 (2009).

Sugio A., MacLean A., Kingdom H., Grieve V. M., Manimekalia R., Hogenhout S., Diverse targets of Phytoplasma effectors: From plant development to defense against insects, *Annu Rev Phytopathol*, 49, 175–195 (2011).

Dou D, Zhou J. M., Phytopathogen effectors subverting host immunity: Different foes, similar battleground, *Cell Host Microbe*, 12, 484–495 (2012).

Deslandes L., Rivas S., Catch me if you can: Bacterial effectors and plant targets, *Trends Plant Science*, 17, 644–655 (2012).

第 16 章

[感染症の遺伝子理論]

Casanova J.-L., Abel L., Genetic dissection of immunity to bacteria: The human model, *Annu Rev Immunol, 20,* 581–620 (2002).

Lam-Yuk-Tseung S., Gros P., Genetic control of susceptibility to bacterial infections in mouse models, *Cell Microbiol*, 5, 299–313 (2003).

Quintana-Murci L., Alcais A., Abel L., Casanova J.-L., Immunology in natura: Clinical, epidemiological and evolutionary genetic of infectious diseases, *Nat Immunol*, 8, 1165–1171 (2007).

Casanova J.-L., Abel L.,The genetic theory of infetious diseases : A brief history and selected illustrations, *Ann Rev Genomics Hum Genet*,14, 215–243 (2013).

[リスクのグローバル化に対する保健衛生の安全保障]

Site de l'Organisation mondiale de la santé. http://www.who.int/en/.

第 17 章

[制限酵素]

Dussoix D., Arber W., Host specificity of DNA produced by Escherichia coli, J Mol Biol, 5, 37–49 (1962).

[ポリメラーゼ連鎖反応（PCR）]

Saiki R., Gelfand D., Stoffel S., Scharf S., Higuchi R., Horn G., Mullis, K., Erlich H., Primer directed enzymatic amplification of DNA with a thermostable DNA polymerase, *Science*, 239, 487–491 (1988).

[細菌と光遺伝学]

Oesterhelt D., Stoekenius W., Rhodopsin-like protein from the purple membrane of Halobacterium halobium, *Nat New Biol*, 233,149-152 (1971).

Williams S., Deisseroth K., Optogenetics, *Proc Natl Acad Science USA*, 110, 16287 (2013).

Deisseroth K., Optogenetics, *Nat Methods*, 8, 26-29 (2011).

[CRISPR/Cas9 革命]

Lafountaine J. S., Fathe K., Smyth H. D. C., Delivery and therapeutic applications of gene editing technologies ZFNs, TALENs and CRISPR/Cas9, *Int J of Pharmaceut*, 494,180-194 (2015).

[病原菌からわかる真核細胞]

Kocks C., Gouin E., Tabouret M., Berche P., Ohayon H., Cossart P., Listeria monocytogenes-induced actin assembly requires the actA gene, a surface protein, *Cell*, 68, 521-531 (1992).

Ridley A. J., Hall A., The small GTP binding protein rho regulates the assembly of focal adhesion and actin stress fibers in response to growth factors, *Cell*, 70, 389-399 (1992).

Bierne H., Cossart P., When bacteria target the nucleus: The emerging family of nucleomodulins, *Cell Microbiol*, 14, 622-633 (2012).

第18章

[食料品の中の細菌]

Morelli L., Yogurt, living cultures and gut health, *Am J Clin Nutr*, 99, 1248S-1250S (2014).

[プロバイオティクス]

Mackowiak P. A., Recycling Metchnikoff: Probiotics, the intestinal microbiome and the quest for long life, *Front Publ Health*, 1, 1-3 (2013).

Sassone-Corsi M., Raffatelu M., No vacancy : How beneficial microbes cooperate with immunity to provide colonization resistance to pathogens, *J Immunol*, 194, 4081-4087 (2015).

Nami Y., Haghshenas B., Abdullah N., Barzagari A., Radiah D., Rosli R., Khostoushahi A. Y., Probiotics or antibiotics: Future challenges in medicine, *J Med Microbiol*, 64, 137-146 (2015).

[糞便移植]

Borody T. J., Khoruts A., Fecal microbiota transplantation and emerging applications, *Nature Rev Gastroenterol Hepatol*, 9, 88-96 (2011).

Smits L. P., Bouter K. E., De Vos W. M., Borody T. J., Niewdorp M., Therapeutic potential of fecal microbiota transplantation, *Gastroenterol*, 145, 946-953 (2013).

[媒介昆虫の腸内微生物叢]

Engel P., Moran N. A., The gut microbiota of insects—diversity in structure and function, *FEMS Microbiol Rev*, 37, 699-735 (2013).

Hedge S., Rasgon J. L., Hughes G. L., The microbiome modulates arbovirus transmission in mosquitoes, *Curr Opin Virol*, 15, 97-102 (2015).

[CRISPR/Cas という方法論と遺伝子治療]

Sander J., Joung J. K., CRISPR-Cas systems for editing, regulating and targeting genomes, *Nat Biotech*, 32, 347-354 (2014).

Vogel G., Embryo engineering alarm: Researchers call for restraint in genome editing, *Science*, 347, 1301 (2015).

Baltimore D., Berg P., Botchan K. et al., A prudent path forward for genomic engineering and germline modification: A framework for open discourse on the use of CRISPR-Cas9 technology to manipulate the human genome is urgently needed, *Science*, 348, 36-37 (2015).

Rath D., Amlinger L., Rath A., Lundgren M., The CRISPR-Cas immune system: Biology, mechanisms and applications, *Biochimie*, 117, 119-128 (2015).

参照文献

Bosley K. et al., CRISPR Germ line engineering—The community speaks, *Nat Biotech.*, 33, 478-486 (2015).

[合成生物学]

Malyshev D., Dhami K., Lavergne T., Chen T., Dai N., Foster J. M., Correa I. Jr, Romesberg F. E., A semi synthetic organism with an expanded genetic alphabet, *Nature*, 509, 385-388 (2014).

Breitling R., Takano E., Synthetic biology advances for pharmaceutical production, *Curr Opt Biotechnol*, 35, 46-51 (2015).

Liu W., Stewart C. N., Plant synthetic biology, *Trends Plant Sci*, 20, 309-317 (2015).

Hutchison C. A. 3rd, Chuang R. Y. et al., Design and synthesis of a minimal bacterial genome, *Science*, 351 (2016).

第19章

[チョウ目の幼虫に対する生物農薬としてのバチルス・チューリンゲンシス]

Van Frankenhuysen K., Insecticidal activity of *Bacillus thuringiensis* crystal proteins, *J Invertebr Pathol*, 101, 1-16 (2009).

Pardo-Lopez L. et al., *Bacillus thuringiensis* insecticidal three domain Crytoxins: mode of action, insect resistance and consequences for crop protection, *FEMS Microbiol Rev*, 37, 3-22 (2013).

Bravo A. et al., Evolution of *Bacillus thuringiensis* Cry toxins insecticidal activity, *Microb Biotechnol*, 6, 17-26 (2013).

Elleuch J., Tounsi S., Belguith Ben Hassen N., Lacrois M. N., Chandre F., Jaoua S., Zghal R. Z., Characterization of novel *Bacillus thuringiensis* isolates against Aedes aegypti (diptera: Culicidae) and Ceratitis capitate (Diptera: tephridae), *J Invertebr Pathol*, 124, 90-95 (2015).

[植物の根を護る枯草菌]

Cawoy H., Mariuto M., Henry G., Fisher C., Vasileva C., Thonart N., Dommes J., Ongena M., Plant defence stimulation by natural isolates of *Bacilllus* depends on efficient surfactin production, *Mol Plant Microbe Interact*, 27, 87-100 (2014).

[ボルヴァキア，そして蚊が伝播する感染症のコントロール]

Teixiera L., Ferreira A., Ashburner M., The bacterial symbiont *Wolbachia* induces resistance to RNA viral infections in Drosophila melanogaster, *PLoS Biol*, 6, 2753-2763 (2008).

Iturbe-Ormaetxe I., Walker T., Neill S. L. O., *Wolbachia* and the biological control of mosquito-borne disease, *EMBO Rep.*, 12, 508-518 (2011).

Hoffmann A. A., Montgomery B. L., Popovici J., Iturbe-Ormaetxe I., Johnson P. H., Muzzi F., Greenfield M., Durkan M., Leong Y. S., Dong Y. X., Successful establishment of *Wolbachia* in *Aedes* populations to suppress dengue transmission, *Nature*, 476, 454-457 (2011).

Fenton A., Johnson K. N., Brownlie J. C., Hurst G. D. D., Solving *Wolbachia* paradox: Modeling the tripartite interaction between host, *Wolbachia* and a natural enemy, *Amer Nat*, 178, 333-342 (2011).

Vavre F., Charlat S., Making (good) use of *Wolbachia*: What the model says, *Curr Opin Microbiol*, 15, 263-268 (2012).

Caragata E. P., Dutra H. L. C., Moreira L. A., Exploiting intimate relationship: Controlling Mosquito-transmitted disease with *Wolbachia*, *Trends Parasitol*, 32, 207-218 (2016).

図版クレジット

図 1 http://www.servier.com/Powerpoint-image-bank et Juan J. Quereda (Institut Pasteur).
図 2 Institut Pasteur et Juan J. Quereda (Institut Pasteur).
図 3 Urs Jenal (Biozentrum, Bale, Suisse).
図 4 Institut Pasteur.
図 5 Juan J. Quereda (Institut Pasteur).
図 6 (左) Institut Pasteur/ Archives Jacques Monod. (右) *J Mol Biol* 1961, 3, 318-356.
図 7 Jeff Mellin et Juan J. Quereda (Institut Pasteur).
図 8 Nina Sesto (Institut Pasteur).
図 9 Institut Pasteur/Antoinette Ryter.
図 10 http://www.servier.com/Powerpoint-image-bank et Juan J. Quereda (Institut Pasteur).
図 11 Juan J. Quereda (Institut Pasteur).
図 12 Institut Pasteur/Ashwini Chauhan, Christophe Beloin, Jean-Marc Ghigo, unite Genetique des biofilms; Brigitte Arbeille et Claude Lebos (LBCME, faculte de medecine de Tours).
図 13 http://www.servier.com/Powerpoint-image-bank et Juan J. Quereda (Institut Pasteur).
図 14 http://www.servier.com/Powerpoint-image-bank et Juan J. Quereda (Institut Pasteur).
図 15 http://www.servier.com/Powerpoint-image-bank et Juan J. Quereda (Institut Pasteur).
図 16 Institut Pasteur (unite Interactions bacteries-cellules).
図 17 Institut Pasteur/Marie-Christine Prevost et Agathe Subtil.
図 18 Edith Gouin (Institut Pasteur).